大语文分级阅读

森林报·春

[苏] 维·比安基 著

学而思教研中心 编

山东电子音像出版社

·济南·

第一学段·1—2年级

前　言

——写给爸爸妈妈和老师

　　"阅读力就是成长力"，这个理念成为越来越多父母和老师的共识。的确，阅读是一个潜在的"读—思考—领悟"的过程，孩子通过这个过程，打开心灵之窗，开启智慧之门，远比任何说教都有助于其成长。

　　儿童教育家根据孩子的身心特点，将阅读目标分为三个学段：第一学段（1—2年级），课外阅读总量不少于5万字；第二学段（3—4年级），课外阅读总量不少于40万字；第三学段（5—6年级），课外阅读总量不少于100万字。

　　从当前的图书市场来看，小学生图书品类虽多，但大多未做分级。从图书的内容来看，有些书籍加了拼音以降低识字难度，可文字量又太大，增加了阅读难度，并未考虑孩子的阅读力处于哪一个阶段。

　　阅读力的发展是有规律的。一般情况下，阅读力会随着年龄的增长而增强，但阅读力的发展受到两个重要因素的影响：阅读方法和阅读兴趣。如果阅读方法不当，就不能引起孩子的阅读兴趣，而影响阅读兴趣的关键因素是智力和心理发育程度，因此孩子的阅读书籍应该根据其智力和心理的不同发展阶段进行分类。

　　教育学家研究发现，1—2年级的孩子喜欢与大人一起朗读或阅读内容浅显的童话、寓言、故事。通过阅读，孩子能获得初步的情感体验，感受语言的优美。这一阶段要培养的阅读方法是朗读，要培养的阅读力是喜欢阅读，可以借助图画形象理解文本，初步形成良好的阅读习惯。

3—4年级孩子的阅读力迅速增强，阅读量和阅读面开始增加和扩大。这一阶段是阅读力形成的关键期，要培养的阅读方法是默读、略读，要培养的阅读能力是阅读时要重点品味语言、感悟人物形象、表达阅读感受。

5—6年级孩子的自主阅读能力更强，喜欢的图书更多元，对语言的品位有要求，开始建立自己的阅读趣味和评价标准。这一阶段要培养的阅读方法是浏览、扫读，要培养的阅读力是概括能力、品评鉴赏能力。

本套丛书编者秉持"助力阅读，助力成长"的理念，精挑细选、反复打磨，为每一学段的孩子制作出适合其阅读力和身心发展特点的好书。

我们由衷地希望通过这套书，能增强孩子阅读的幸福感，提升其阅读力和成长力。

学而思教研中心

目 录

欢歌热舞月（春天第三个月）

告读者

亲爱的小读者，一般报纸上刊登的都是关于人的报道，对你来说太枯燥了，所以我专门准备了一份关于大自然的报纸——《森林报》。

《森林报》每月1期，一共12期。报纸里的故事都是发生在大自然中的，主人公是你喜欢的飞禽走兽、昆虫和形形色色的植物。提供这些故事的人，有学生、科学家、猎人、林业专家、动物专家等，虽然大家来自不同的行业，但他们和你一样，都非常热爱大自然。

大自然是一座宝藏，其中蕴藏着各种各样的生命，有的凶猛，有的可爱，有的霸道，有的温顺。它们把大自然当成舞台，每天都在上演精彩的故事。我敢保证，这些故事既新鲜又有趣，一定会像磁铁一样把你牢牢吸引住！

第一位通讯员

很多年前，有一位白发苍苍的老教授经常出现在列宁格勒的某个公园里。他就是我们的第一位通讯员——卡依戈罗多夫，他是大自然的观察者和倾听者。大自然中的季节交替，花草树木和昆虫鸟兽的变化，都逃不过他的眼睛。他把自己观察到的结果记录下来，写成了许多关于大自然的书。

在他的影响和带动下，越来越多的人对我们身边的大自然产生了兴趣，自愿加入到观察大自然、倾听大自然的活动中。正是因为他们的努力，我们才能知道，在春天，什么鸟最先飞回来，什么花第一个开放……才能看到这么多发生在大自然中的故事。

1924年2月11日，卡依戈罗多夫病逝了，但我们永远不会忘记他，以及他带给我们的精彩故事。

森林年

在正式阅读之前，我要先声明一下，《森林报》上的新闻可不是陈年旧事，它是根据森林中的日期来记录的新鲜趣事！

太阳每时每刻都在运转，就像闹钟上的指针一样，等太阳运转完一圈，森林里就过了一年。

当太阳开始运转起新的一圈时，春天便来临了，大地变得温暖起来，沉睡的动物们都苏醒了，森林里也就迎来了第一个节日——"新年"。

为了让读者们对森林里的时间有更清晰的认识，我们按照人类的历法，把森林年划分为12个月，并给每一个月份都起了一个好听的名字。这些名字都和森林当月的状况相匹配。

请注意哟，日历上面的日期对应的是人类世界的日期。

sēn lín lì
森林历

1 月(yuè)
sēn lín yíng chūn yuè
森林迎春月
yuè rì yuè rì
3月21日～4月20日

4 月(yuè)
xìng fú zhù cháo yuè
幸福筑巢月
yuè rì yuè rì
6月21日～7月20日

2 月(yuè)
wàn wù sū xǐng yuè
万物苏醒月
yuè rì yuè rì
4月21日～5月20日

5 月(yuè)
xìng fú yù chú yuè
幸福育雏月
yuè rì yuè rì
7月21日～8月20日

3 月(yuè)
huān gē rè wǔ yuè
欢歌热舞月
yuè rì yuè rì
5月21日～6月20日

6 月(yuè)
xué xí běn lǐng yuè
学习本领月
yuè rì yuè rì
8月21日～9月20日

7 月(yuè)
hòu niǎo lí bié yuè
候鸟离别月
yuè rì yuè rì
9月21日～10月20日

10 月(yuè)
tiān hán dì dòng yuè
天寒地冻月
yuè rì yuè rì
12月21日～1月20日

8 月(yuè)
chǔ bèi liáng shi yuè
储备粮食月
yuè rì yuè rì
10月21日～11月20日

11 月(yuè)
rěn jī ái è yuè
忍饥挨饿月
yuè rì yuè rì
1月21日～2月20日

9 月(yuè)
bīng xuě jiàng lín yuè
冰雪降临月
yuè rì yuè rì
11月21日～12月20日

12 月(yuè)
kǔ kǔ jiān áo yuè
苦苦煎熬月
yuè rì yuè rì
2月21日～3月20日

森林
迎春月

～～～～～
春天第一个月

3月：春天来了

*

一进3月，太阳就兴冲冲地宣布：春天来了。

积雪变得松松软软的，和冬天里坚硬冰冷的样子完全不同，大概它们也知道，离别的时刻要来临了。房檐下的小冰柱化成了小水滴，滴答滴答地往下淌着。麻雀在水洼里扑腾着洗了个澡，把灰蒙蒙的冬天一起洗掉了。

3月21日是春分。这一天既是森林里的新年，又标志着爱鸟月的开始。人们会打开笼子，把小鸟们放回大自然中。孩子们则为这些会飞的朋友制造惊喜——用灌木枝扎成鸟窝，挂在森林中的树上，并在里面放上美味可口的食物。

整个3月里，母鸡们随时随地都能喝个饱，再也不用担心饮水问题了。

注：本书狩猎情节的描写仅是对作者原文的翻译，不作任何引导性评价。我国对狩猎行为有严格的法律规定，不可模仿书中内容。

森林里的新闻
sēn lín lǐ de xīn wén

白嘴鸦归来
bái zuǐ yā guī lái

*

（来自森林的第一封电报）
lái zì sēn lín de dì yī fēng diàn bào

为了躲避寒风的侵袭，白嘴鸦不得不去遥远的南方过冬。返乡的路上，它们既要遭受暴风雪的打击，又要忍受饥饿的威胁，死去了一大半。现在那些活下来的白嘴鸦终于回来了，它们忘记了路上的不愉快，正大摇大摆地寻找食物呢！

雪地里的兔宝宝

*

　　雪地里，一窝兔宝宝趴在灌木丛里，焦急地等着妈妈来喂奶。可是兔妈妈只顾着在田野里撒欢儿，早把它们忘得一干二净了。

　　过了一会儿，有位"兔妈妈"来了。兔宝宝们高兴地喊："妈妈，妈妈！""我不是你们的妈妈，但放心吧，我会照顾你们的。"兔阿姨说完，把兔宝宝们全都喂饱了。

　　原来兔妈妈们早就定下了规矩：所有的兔宝宝都是大家的，只要在外面遇见了兔宝宝，就要把它们喂饱。

第一批花开了

*

春天的第一批花可没开在地面上。

站在沟渠边抬头往上看，光秃秃的榛子树上垂下一条条灰色的小尾巴，那就是春天里的第一批花。如果你轻轻摇动一下那些小尾巴，就会有许多花粉像细密的小雪花一样飘洒下来，好玩极了。

当你的目光离开这些小尾巴，去仔细观赏榛子树时，惊喜又出现了：树枝上除了小尾巴，还有一些小花苞，每个花苞上都冒出了一对粉红色的小舌头。这些小舌头虽然不起眼，作用却非常大。它们是雌蕊的柱头（雌蕊的顶部，是接受花粉的地方），专门用来吸收随风飘来的花粉。

wú jū wú shù de fēng ér xǐ huan zài zhè lǐ yóu wán
无拘无束的风儿喜欢在这里游玩，

yīn wèi zhī tiáo jiān méi yǒu yè zi　tā biàn bǎ huā fěn cóng huā suì zhōng yáo
因为枝条间没有叶子，它便把花粉从花穗中摇

huàng xià lái　chōng dāng qǐ ài de shǐ zhě
晃下来，充当起爱的使者。

dāng zhēn zi shù de huā diāo xiè yǐ hòu　nà xiē fěn hóng sè de
当榛子树的花凋谢以后，那些粉红色的

xiǎo shé tou jiù huì gān kū　bú guò yòng bù zháo bēi shāng　guò bù liǎo duō
小舌头就会干枯。不过用不着悲伤，过不了多

jiǔ　xiǎo huā bāo jiù huì biàn chéng yì kē kē xiǎo zhēn zi chū xiàn zài rén men
久，小花苞就会变成一颗颗小榛子出现在人们

miàn qián le　duō me shén qí de shēng zhǎng lì chéng a
面前了，多么神奇的生长历程啊！

pà fǔ luò wá
帕甫洛娃

乔装大法

*

冬天到处都是白茫茫的积雪，雪白的兔子和山鹑往雪地里一钻，眼神再好的野兽也看不见它们。可是积雪融化了，深褐色的泥土裸露出来，让它们再也没地方躲藏了。那些狐狸呀，狼啊，眼睛都尖着呢，打老远就能发现它们并且毫不留情地扑过来。

怎么办呢？总不能等着被抓呀！

别急，为了保住性命，白兔和山鹑早就做好

10

了充足的准备。白兔脱下白色的衣衫，换上了不起眼的灰色衣衫；白山鹑也换上了褐色、红褐色和带有黑色条纹的新羽毛。它们的新衣服和周围的树木、石头非常相似，把敌人看得眼花缭乱。

白鼬也会在冬天穿上雪白的皮衣，到了春天则换成低调的灰色皮衣。只是它的功夫还不到家，尾巴尖始终都是黑色的。不过衣服上有小黑斑并不是坏处，因为雪地里也有小黑点。并且白鼬变换衣服不是为了躲避敌人，而是为了迷惑猎物，好趁机扑上去大吃一顿。

雪　崩

*

松鼠一家把窝搭在了云杉树上。松鼠妈妈和松鼠宝宝在里面睡得正香，突然，一个大雪球砸了下来，砸到了窝顶上。

"雪崩了！"松鼠妈妈大叫着跳到外面，但很快又回过神来：松鼠宝宝们还在里面呢！它吓出一身冷汗，赶紧用爪子扒开雪球，还好，窝顶上的粗树枝没有折断，松鼠宝宝还在里面打呼噜呢！

松鼠宝宝们还没长毛，全身光溜溜的，真可爱。它们现在既看不见也听不见，根本就不知道刚才发生了什么，真好！

沼泽里的花

*

沼泽里的雪都化了，到处都湿答答的。羊胡子草晃动着绿色的茎秆正在欢迎春天的到来，不知什么时候，茎秆上冒出来一些银白色的小穗穗。走近一点儿，摘下一个小穗穗，拨开它的茸毛，你会大吃一惊：天哪，这不是羊胡子草开的花吗？只不过那些娇嫩的黄色花蕊很怕冷，穿上了白色的茸毛大衣。

早春的森林

*

春天刚刚来临，森林里既没有枯叶的感伤，也没有繁花盛开的热闹。为什么不趁这个时候去发现森林里不一样的美呢！

这边的小松树还没有完全苏醒，绿得还没有那么耀眼。那边的帚石南上开着一朵朵淡紫色的小花。这些花是去年开放的，经过风雪的洗礼，它们更加娇艳了。绿油油的苔藓还没有被踩过的痕迹，越橘的叶子闪闪发亮……深深浅浅的绿色，让人心情舒畅。

走到沼泽边，一个个粉红色的"小铃铛"

一定会吸引你的眼球，那是蜂斗叶的花。

蜂斗叶是一种常绿灌木，它暗绿色的叶子好像是怕冷似的，向上翻卷着。相反，那些花朵却勇敢地挺立在枝头，沐浴着春日的阳光。

在早春的森林里走上一遭，会收获太多的惊喜：有不怕风雪的常绿植物，还有傲然开放的小花。如果这个时候采上一束鲜花带回家，谁见了都会惊讶。因为3月的风还有点儿冷，谁也不相信娇嫩的花朵竟然会这么勇敢。

这是谁呀？

*

（来自森林的第二封电报）

我们找到了一个被积雪覆盖着的熊洞，就守在旁边，想看看熊睡醒后的样子。可是左等右等，都过去好几天了，熊洞里还是一点儿动静也没有。

"熊不会被冻死了吧？"我们的心里咯噔一下，难受极了。

这时，洞穴上面的积雪突然动了一下。

"熊要出来了吗？"我们屏住呼吸，目不转睛地盯着熊洞。出来了！出来了！可是这家伙是谁呀？

它长了一身细针似的毛，白白的脑袋上有两道黑色的条纹，十分显眼。

"是獾！"我们尖叫起来。但熊洞里怎么

会钻出一只獾呢？我们怎么也想不明白。直到扒开洞穴上面的积雪，才恍然大悟：原来我们一直盯着的不是熊洞，而是獾洞。只不过它被积雪覆盖着，我们没有分辨出来。

不管是熊还是獾，只要看见它们从冬眠中醒来，我们的心里就踏实了。

城市里的新闻

阁楼里的住户

*

小小的阁楼从来不会觉得孤单，因为在阁楼的角落里住着许多可爱的小家伙们。

怕冷的鸟把家安在壁炉的烟囱旁边，一分钱不用花，就暖暖和和地度过了冬天。母鸽子安安静静地趴在蛋上，脸上洋溢着幸福的笑容。麻雀和寒鸦每天早出晚归，把秸秆和绒毛从四面八方收集过来，正在为它们的新家做准备。

18

为房子而战

wèi fáng zi ér zhàn

*

叽叽喳喳，乱成一团！

原来是麻雀霸占了椋鸟的家，被椋鸟扔了出去。被赶出来的麻雀站在屋顶上东张西望，突然看见一个泥瓦匠正站在脚手架上，用铲子把泥灰填进墙壁的裂缝里。

"住手！"麻雀扑过去对着泥瓦匠又啄又踹。泥瓦匠吓得手忙脚乱，举起铲子左一下右一下，很快就把墙壁上的裂缝封住了。

"我的窝就在裂缝里，里面还有好几只蛋宝宝呢！"麻雀急得大喊大叫，可泥瓦匠已经走了。

19

虫虫总动员

*

阳光灿烂的日子，大苍蝇从角落里爬出来晒太阳了。它们穿着帅气的西装，绿中带着蓝盈盈的光。它们刚刚睡醒，还不会飞，走起路来摇摇晃晃，像喝醉了一样。它们整个白天都在太阳下取暖，到晚上就又爬进墙壁的缝隙里去了。

几只蜘蛛在大街上游荡，它们看不起普通蜘蛛结网捕食的小伎俩（指某种手段或者花招），更喜欢直截了当。看见猎物靠过来，它们就纵身一跃，像个勇士一样扑过去，绝对不会躲躲藏藏。它们有个响当当的名字——苍蝇虎。

河面上的冰还没有完全

20

化开，迎春虫就迫不及待地爬到岸上，它们脱去厚厚的外套，长出了一对长长的翅膀。但它们的力气还太小，飞不起来，只能用几条细腿往前爬，去寻找温暖的阳光。

努力爬呀，迎春虫！避开馋嘴的麻雀，躲开奔跑的车轮和人们的脚丫，只管往前爬吧。爬到马路边去晒晒太阳，你们就能长大，变得更加强壮。虽然困难重重，但千万不要放弃呀！

春天里的小精灵

*

注意看哟！在阳光明媚、气候适宜的日子，小小舞蹈家们开始跳舞了，它们的舞台就在你头顶的上方。它们一会儿飞到东，一会儿飞到西，一会儿停在空中摆出一个奇妙的造型。人们看着看着，突然尖叫起来："天哪，竟然是一群小蚊子。"

别紧张！它们不是蚊子，而是舞蚋，不会对人类造成一点儿伤害。

舞蚋的表演还没有结束，蝴蝶上场了。

暗褐色的荨麻蛱蝶和淡黄色的黄粉蝶作为排头兵，最先从阁楼里飞出来。它们像一群小精灵，呼扇着美丽的翅膀，尽情地展示着优美的舞姿。

雄苍头燕雀按捺不住心头的激情，也要开始它们的表演了，但它们不是表演跳舞，而是表演唱歌。它们腆着浅赭色的胸脯，抬着浅蓝色的脑袋，深情地望着远方放声歌唱："春天来了，天气暖了，你什么时候才能回来？"原来，它们是在盼着雌燕雀早点儿归来呢！

谁游过来了？

*

我们的几位记者在流淌的小溪中垒了一道拦水坝，想看看谁会游过来。

碎木片漂过来了，小树枝也漂过来了，就是不见小动物的影子。他们耐着性子继续等啊等啊，终于，一只短尾巴的田鼠漂过来了，但它已经死了。

24

大家正在伤心的时候，一只黑色的小甲虫漂过来了。它苏醒过来，发现四周都是水，立刻慌了神，手忙脚乱地挣扎起来。等它靠近了些，记者们才看清它的真面目——一只屎壳郎。它是陆生甲虫，不会游泳，怪不得会如此慌张呢！

接下来的这位就不怕水了，它那两条结实有力的后腿一推一拢，一推又一拢，然后轻轻一跳就上了岸，钻进灌木丛不见了。你猜到它是谁了吧，没错！就是青蛙。

最后游过来的是一只棕红色的水鼾，它的模样很像老鼠，只是尾巴要短得多。看它贼眉鼠眼的样子，准是在寻找食物呢！经过一整个冬天，储存的粮食大概早就吃光了。

为椋鸟准备的屋子

*

椋鸟不但长得漂亮，还是捕捉害虫的能手。如果你想让椋鸟留在身边为你效劳，那就为它们搭建一座小屋吧！

给椋鸟建房子，一定要把握好门的尺寸。要正好能让椋鸟自由出入，又能防止馋嘴的老猫钻进去。另外，为了提防猫把长长的爪子伸进去搞破坏，还要在门内侧钉上一块三角形的木板，这样它就没办法伤害椋鸟了。

小屋做好以后，别忘了把里里外外都打扫干净哟！椋鸟可不喜欢脏兮兮的地方。

款冬

*

一丛丛款冬正在小山丘上开家庭会议呢！早出生的细茎腰板挺得直直的；而后出生的细茎们还没有完全长开，显得又短又粗，像一群愣头愣脑的傻小子。

款冬的根茎里含有大量的养分。款冬从发芽、生长到开花，所需要的养分都要从这块根茎里来。等到花儿凋谢的时候，根茎里的养分也差不多要消耗完了，这时，根茎里就会长出新鲜的叶子，叶子再把吸收来的养分输送到根茎里。

帕甫洛娃

27

白天鹅

*

清晨，一阵"呜欧，呜欧"的声音唤醒了沉睡中的城市。人们不约而同地抬起头，看见一群白天鹅从头顶飞过。它们的羽毛洁白无瑕，和白色的云朵融为一体。眼神不好的人，还真的分不清哪里是白天鹅，哪里是白云呢！

每年春天，白天鹅都要经过列宁格勒，到北德维纳河两岸去筑巢。但是人们不是总能听到天鹅的叫声，因为白天各种嘈杂的声音交织在一起，把白天鹅的号叫声淹没了。

熊醒了

*

（来自森林的第三封电报）

功夫不负有心人，这次我们终于找到了一个真正的熊洞。

在大家的紧密注视下，一只母熊从洞里钻出来，身后跟着两只小熊。经过了一个难熬的冬天，母熊变得非常瘦。它大概是饿坏了，打了个哈欠，便去树林里寻找食物了。两只小熊倒是什么都不操心，活蹦乱跳地跟在妈妈身后，不停地撒欢儿打滚。

农庄里的新闻

春天里的收获

*

昨天夜里，农庄里灯火通明。饲养员全副武装，为9位猪妈妈接生。他们在猪舍里忙活了一阵子，喜笑颜开地向大家宣布了一个好消息："今天出生了100头小猪仔，真是不平凡的一夜呀！"

那100头小猪仔肥嘟嘟、胖乎乎的，正哼哼唧唧地到处找奶吃呢，太可爱了！

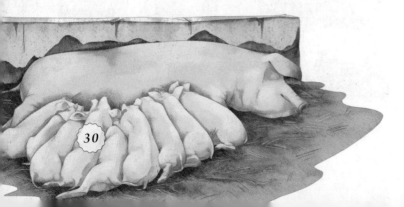

土豆搬家啦

*

土豆盼星星盼月亮，终于盼来了搬家的这一天。它们的新屋子温暖舒适，比那个冷冰冰的仓库好上千百倍。土豆们心满意足，一个个养精蓄锐，等待着早点儿发芽呢！

爱炫耀的黄瓜

*

在这个绿色蔬菜极其缺乏的季节，第一批黄瓜上市了。它们可不是从冰箱里拿出来的，而是刚刚从温室里摘下来的，身上的刺还没有掉，一个比一个新鲜水灵。不管见到谁，它们都会炫耀："无论外面多冷，温室里面都温暖如春，我们住在里面一点儿也不冷。"

好饿！好饿！

*

积雪已经全部融化了，麦苗们

伸伸懒腰，打个哈欠，准备从土壤

里吸收点儿养分，好快快长大。可是

它们高兴得太早了，土地还没有解冻，

到处都是硬邦邦、冷冰冰的。它们的根茎

扎在又冷又硬的泥土里，根本不能动。

"好饿！好饿！"它们只能扯着嗓子大声

呼喊。

当地居民听到了麦苗的呼喊声，赶紧过来查看。可怜的麦苗没办法吸收营养，全都耷拉着脑袋，无精打采的。

"这些麦苗可是咱们的心肝宝贝呀，一年的收成都指望着它们呢！不行，必须得想想办法。"居民们在心里盘算起来。

过了几天，一架飞机在田野上空停下来，它是来给麦苗们送食物的，草木灰、鸡粪、食盐，全都是营养丰富的大餐。麦苗们欢欣鼓舞，大叫着："谢谢，吃了这些食物，我们就会长得又高又壮，大家耐心等待丰收的好消息吧！"

狩猎故事

猎人大丰收

*

傍晚，毛毛细雨还没停下。一个猎人来到了森林里，高兴地想："空气暖和又湿润，丘鹬最喜欢在这样的天气求偶，也许今天会大丰收呢！"

"啁啾——"

一阵熟悉的鸟叫声从空中传来，是丘鹬，而且还是两只。它们一前一后从空中飞过，雌鸟

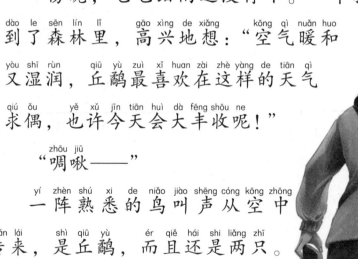

在前面，雄鸟在后面。猎人激动万分，瞄准后面的雄鸟开了一枪。

"砰！"

雄鸟在空中转了几圈，跌进了灌木丛里。

接下来，该对付雌鸟了。经验丰富的猎人没有急着开枪，而是躲在云杉树后面，摘下头上的毛皮帽子，朝空中扔去。这一招真的很有效，丘鹬把毛皮帽子当成了它的同伴，欢快地朝着毛皮帽子扑过去。

"砰！"

伴随着又一声枪响，第二只丘鹬一头栽到了地上。

"今天真是大丰收哇！"猎人拿着他的猎物，高高兴兴地回家了。森林里很快又恢复了平静，鸟儿们都睡了。

松鸡落网

*

松鸡们通常会在天亮之前出来求偶。所以为了成功猎到松鸡，猎人必须带着干粮和水，在森林里等上一个晚上。

当东方的天空刚刚有些泛白的时候，一只松鸡唱起了歌。不远处的两只松鸡听到了歌声，便"咯咯"叫着回应起来。

"有一只松鸡就在离我大约150步远的地方，不能让它跑了。"猎人激动地朝松鸡所处的地方走过去。可是那些松鸡们都非常警觉，只要有一点儿声响，就会飞走。猎人只好踮着脚尖，一步一步地慢慢靠近。

哈！看见了，就在那根树枝上。虽然天还没有亮，但猎人一下就认出了那条长长的脖子和那根长得像扇子一样的大尾巴。那只松鸡没有发现猎人，还在扯着嗓子大声歌唱呢！

猎人端起枪，对准了它的脖子。

"砰！"

松鸡重重地摔在地上，发出"嘭"的一声巨响。猎人走近一看，惊讶地张大了嘴巴，说道："足足有十几斤呢！"

真正的胜利者

*

一场精彩的演出马上就要开始了。

观众——长着麻斑的小黑琴鸡们已经来了，它们有的眼巴巴地等着主角出场，有的大大咧咧地在地上吃东西。

"当当当……"

主角雄琴鸡上场了。它站在舞台中央，抖抖乌黑亮丽的羽毛，挺直腰板，热情地呼唤着自己的新娘："嘎！咕咕咕……"

"嘎！咕咕咕……"一大群雄琴鸡落到舞台上，要和主角先生争夺新娘。

新娘是一只美丽的雌琴鸡，它正在树枝上，等待着真正的胜利者把自己娶回家呢。

"冲啊！"

“打它！”

雄琴鸡们打成一团，观众们看得提心吊胆。

突然，“砰”的一声巨响，响彻森林。

什么声音？雄琴鸡们先愣了一下，又继续战斗起来。直到一个个伤痕累累，力气耗尽才散场。

这时，一个猎人从云杉树后面钻出来，捡起躺在地上的两只琴鸡，偷偷回家了。为什么要偷偷摸摸的？因为法律禁止在这个时候猎杀求偶的琴鸡。

万物苏醒月

春天第二个月

4月：重获自由

*

4月的阳光更明媚了，风更暖了。

安安静静的积雪变成了活泼好动的春水，从山顶上流淌下来。

"哗啦！哗啦！"

春水唱着歌，马不停蹄地奔进大河里。冰封了一个冬天的大河被唤醒了，敞开怀抱，轻声呼唤："来吧，孩子们！"

大地重获自由了，尽情地喝着新鲜甘甜的春水。

一眨眼的工夫，田野里、池塘边都长满了绿茸茸的小草，开出了五颜六色的小花。

森林里的树木正在暗暗较劲，你吐出一个嫩芽，我长出一个花苞，大家互不相让，都在用自己的方式欢庆春天的到来呢！

漫漫回家路

*

空中热闹起来了，成群的鸟踏上了回乡的旅程。回家的路途虽然遥远，但鸟儿们从来不会迷路，因为飞行的路线是固定不变的。

最先回来的鸟是去年秋天最后离开的，而最后回来的是去年秋天最先离开的。一般情况下，晚回来的鸟都长着鲜艳亮丽的羽毛，它们在光秃秃的大地上太显眼了，非常不安全。所以它们必须晚一点儿动身，等到鲜花开放、绿树成荫的时候再回来。

不知道的人会以为鸟的迁徙过程很简单，但事实根本不是这样。有时候浓雾会蒙住它们

的眼睛，让它们撞在悬崖峭壁上，摔得粉身碎骨；有时候突然而至的寒流会使海水结冰，饥饿与寒冷便笼罩在它们头上；有时候海上的大风暴会把它们的翅膀折断；有时候它们会成为鹰和隼的美餐；有时候它们会撞上猎人的枪口……

迁徙之路充满了艰辛与危险，但没有什么能阻挡一颗回家的心。你听，它们的歌声离我们越来越近了。

小小脚环作用大

*

动物学家想知道鸟类的飞行路线是怎么样的，想知道它们会在哪些地方停留，想知道它们的种类是怎么划分的，还想知道它们喜欢吃什么东西，等等。如果想拿到最真实的资料，就必须让鸟类生活在大自然中。可鸟类总是飞来飞去，跟踪它们又不可能。于是，聪明的研究者就想到一个好办法：为鸟类制作脚环，让它们带着脚环飞回到大自然中。

可别小看这些脚环，它们上面刻有国家、机构的名称

和特殊的编号。如果你看见一只戴脚环的鸟死去了，就把脚环摘下来寄给鸟类管理处，并说明发现它的时间和地点。如果你抓住了戴脚环的鸟，请把脚环上的信息记录下来，寄给鸟类管理处。这样，研究者们就知道鸟在什么时间去了哪里，它们的飞行规律是什么样的。我们就是通过脚环才知道并不是所有候鸟都去南方越冬的：有的飞向西方，有的飞向东方，还有的飞向北方。

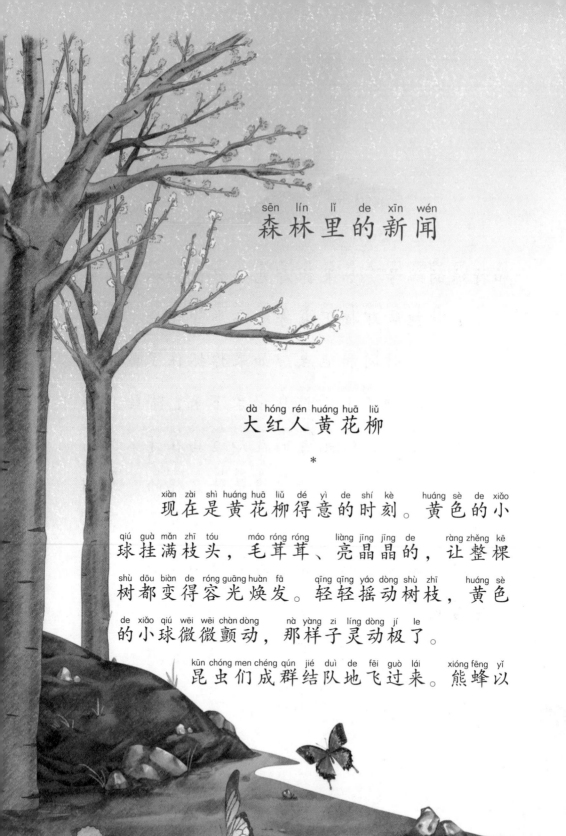

森林里的新闻
sēn lín lǐ de xīn wén

大红人黄花柳
dà hóng rén huáng huā liǔ

*

现在是黄花柳得意的时刻。黄色的小球挂满枝头，毛茸茸、亮晶晶的，让整棵树都变得容光焕发。轻轻摇动树枝，黄色的小球微微颤动，那样子灵动极了。

昆虫们成群结队地飞过来。熊蜂以

为那些黄色的小球是自己的同伴，"嗡嗡嗡"地叫个不停，急着要交新朋友呢；苍蝇一会儿飞到左边，一会儿飞到右边，恨不得在每一个小球上都留下自己的痕迹；蜜蜂可没工夫四处闲逛，它早就开始采蜜了。

蝴蝶们绕着黄花柳飞来飞去，看得人眼花缭乱。一只贪吃的蝴蝶展开翅膀，把一颗小毛球捂得严严实实的，把吸管放在花蕊深处，正在偷吃花蜜呢！

在相隔不远的地方还有一棵黄花柳，虽然它的枝头也挂着许多小球，但这些小球灰不溜秋的，昆虫们可看不上。不过它一点儿也不伤心，因为昆虫们已经把花粉送过来了，过不了几天，它的种子就会成熟了。

帕甫洛娃

47

苏醒

*

蝰蛇苏醒了，它的血液还是冰凉冰凉的，所以它行动非常缓慢，只能先爬到一个枯树墩上晒太阳。它耐心等待着，等血液慢慢变得温暖起来，就去捉两只青蛙或老鼠吃。

蚂蚁们早就忍受不住漫漫寒冬啦，它们变得十分虚弱，因此纷纷爬出洞来，紧紧抱成一团晒起了太阳。

叩头虫刚一醒来，就急着要给大家变戏法了。蝙蝠、步行虫、屎壳郎都来给它捧场，它们也是刚刚苏醒。一切准备就绪，叩头虫就开始表演了：它先直挺挺地躺在地上，然后轻轻把头向下一磕，只听"吧嗒"一声，叩头虫在空中翻了个跟头，观众们还没看清楚呢，它已经稳稳地站在地上了。

看到如此精彩的表演，蒲公英花立在枝头，笑得浑身打战。白桦树伸着脖子向这边张望，嫩绿的叶子们你推我挤，也想来凑热闹呢！

"滴答滴答"，下雨了。春雨过后，叩头虫的观众又会增多了。粉红色的蚯蚓肯定会第一个从土里钻出来，胖头胖脑的小蘑菇们也早就等不及了。

谁开得更早
shuí kāi de gèng zǎo

*

雪花莲睡醒了，它先从土里探出脑袋，接着伸了个懒腰，整个身体都出来了。然后它抖一抖身子，开出了一朵白色的花。

它得意洋洋，以为自己是这片土地上最先开放的花。可是，它朝四周看了一眼，立刻愣住了：三色堇、荠菜、遏蓝菜、繁缕和洋甘菊开满了鲜花，比它还要早。

原来，这些花去年秋天就长出了蓓蕾，只是被冰雪覆盖着，全都睡着了。春风一吹，它们就醒了过来，美丽绽放了。

帕甫洛娃
pà fǔ luò wá

50

森林中的清洁工

*

数九寒天中，总有一些小动物丧命。但它们的尸体被积雪覆盖着，谁也看不见。等积雪融化了，这些尸体便暴露出来。

"清洁工！你们在哪里？"森林里贴出了紧急布告。

很快，熊、狼、乌鸦、喜鹊、葬甲虫、蚂蚁争先恐后地来了。它们是森林里的清洁工，最擅长清扫尸体。这不，没用多长时间，地面上就干干净净了。

51

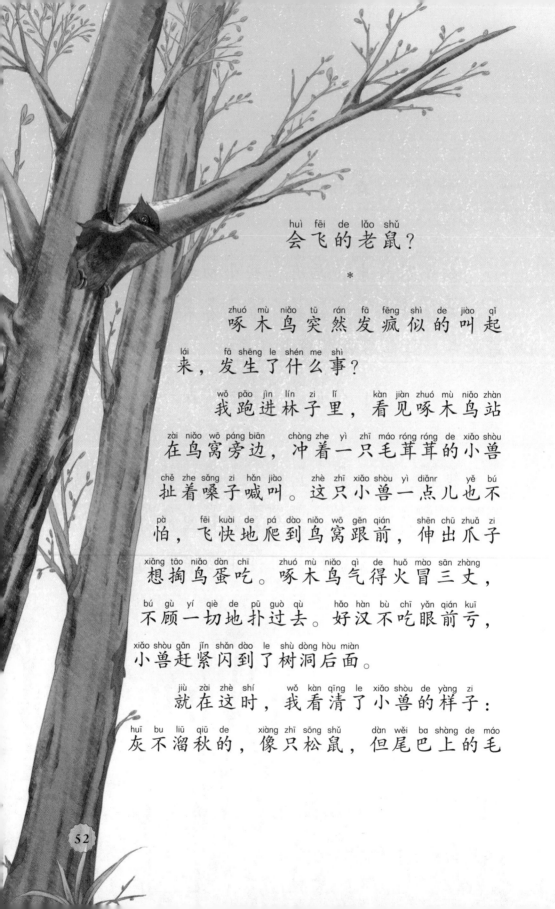

huì fēi de lǎo shǔ?
会飞的老鼠?

*

zhuó mù niǎo tū rán fā fēng shì de jiào qǐ
啄木鸟突然发疯似的叫起

lái fā shēng le shén me shì
来，发生了什么事?

wǒ pǎo jìn lín zi lǐ kàn jiàn zhuó mù niǎo zhàn
我跑进林子里，看见啄木鸟站

zài niǎo wō páng biān chòng zhe yì zhī máo róng róng de xiǎo shòu
在鸟窝旁边，冲着一只毛茸茸的小兽

chě zhe sǎng zi hǎn jiào zhè zhī xiǎo shòu yì diǎnr yě bú
扯着嗓子喊叫。这只小兽一点儿也不

pà fēi kuài de pá dào niǎo wō gēn qián shēn chū zhuǎ zi
怕，飞快地爬到鸟窝跟前，伸出爪子

xiǎng tāo niǎo dàn chī zhuó mù niǎo qì de huǒ mào sān zhàng
想掏鸟蛋吃。啄木鸟气得火冒三丈，

bú gù yí qiè de pū guò qù hǎo hàn bù chī yǎn qián kuī
不顾一切地扑过去。好汉不吃眼前亏，

xiǎo shòu gǎn jǐn shǎn dào le shù dòng hòu miàn
小兽赶紧闪到了树洞后面。

jiù zài zhè shí wǒ kàn qīng le xiǎo shòu de yàng zi
就在这时，我看清了小兽的样子:

huī bu liū qiū de xiàng zhī sōng shǔ dàn wěi ba shàng de máo
灰不溜秋的，像只松鼠，但尾巴上的毛

稀稀拉拉的。它的耳朵圆圆的，非常可爱。两只眼睛却又大又亮，并且向外鼓着。

这是什么动物？我正在纳闷，好戏开场了：小兽沿着树干往上爬，啄木鸟在后面紧追不舍。小兽被追得没有地方躲藏，突然纵身往下一跳，竟然展开一对"翅膀"，像只小鸟一样飞走了。

看着它的样子，我忽然想起来了：这是鼯鼠。在它的前腿和后腿之间长有飞膜，可以像翅膀一样展开，让它能在空中滑翔。

灾情报道

*

春水泛滥使河水暴涨，淹没了堤岸和田野。住在田野上或者地下洞穴里的动物们必须立刻采取行动，不然就会有被淹死的危险。

鼩鼱从洞穴里逃出来，爬到了高高的灌木丛上。此刻没有生命危险了，可是要等到洪水退去才能回家，在这期间它吃什么呢？鼩鼱怪自己太冒失，没做好准备就先行动了。

小岛上的兔子睡着了，直到洪水淹没了小岛，它才从睡梦中惊醒。四周围都是水，兔子逃不掉，只能可怜巴巴地缩成一团，在水里撑了一天一夜。

54

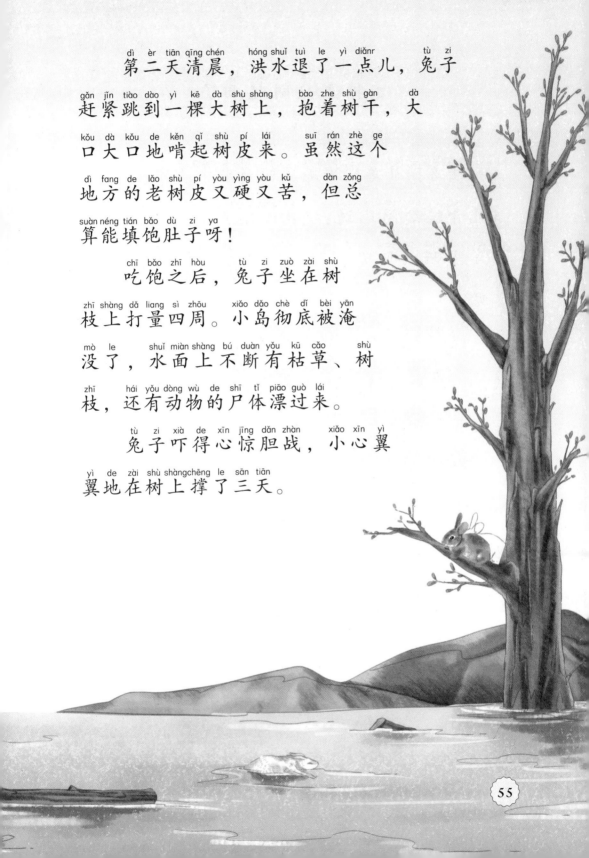

第二天清晨，洪水退了一点儿，兔子赶紧跳到一棵大树上，抱着树干，大口大口地啃起树皮来。虽然这个地方的老树皮又硬又苦，但总算能填饱肚子呀！

吃饱之后，兔子坐在树枝上打量四周。小岛彻底被淹没了，水面上不断有枯草、树枝，还有动物的尸体漂过来。

兔子吓得心惊胆战，小心翼翼地在树上撑了三天。

水塘里热闹起来了

*

让路！让路！蝾螈要回到水中去了。

青蛙纳闷地说："我刚刚产完卵，正准备去岸上晒太阳呢，你为什么要在这个时候下水呢？"

蝾螈说："我们不一样。你在淤泥中冬眠，而我一整个冬天都在苔藓下躲避风雪，现在该下水活动活动了。"

癞蛤蟆此时正在忙着产卵。不过它的卵和青蛙的卵不一样，青蛙的卵像黏在一起的泡泡，每个泡泡里都有个黑色的圆点。而癞蛤蟆的卵连成一串，像一条长长的带子。

洪水中的幸运儿
hóng shuǐ zhōng de xìng yùn ér

*

泛滥的春水把草地变成了汪洋大海，渔夫慢悠悠地划着小船穿梭其中，忽然，他看见不远处的灌木丛上有一个棕色的大毛球，像是一顶皮帽子。他想凑到跟前看个清楚，谁知大毛球纵身一跳，竟然落进了小船里。渔夫大吃一惊：原来是只松鼠啊！

他把松鼠送到岸上，松鼠蹦蹦跳跳地蹿进了树林里，渔夫感叹道："能在洪水中存活下来，真是个幸运儿。"

意外

*

灌木丛被水淹没了，只有上面的一小节露在水面上。几只野鸭躲在灌木丛后面，被猎人发现了。猎人正要开枪，另一片灌木丛里传来了"啪啪啪"的声音，猎人定睛一看，有个长着灰色脊背的家伙正在水里扑腾，"啪啪啪"的声音就是它拍打水面发出来的。虽然看不清这是什么，但从它拍水的声音就能听出这是个大块头。猎人喜出望外，放弃野鸭，朝着大块头开了一枪。

大块头在水中挣扎了几下就不动了，猎人走过去发现被打死的是一条梭鱼。

"哎呀，怎么是梭鱼呀？"被春水淹没的草地，

58

浅浅的水流被阳光照耀着，非常暖和，是最适合产卵的地方。梭鱼一定是在那里产完卵之后，正随着退落的水回家呢。这个时候打死梭鱼，是违反法律规定的。猎人后悔得肠子都青了。

"如果看清楚猎物再开枪就好了。"猎人看着眼前的猎物，一点儿也高兴不起来。

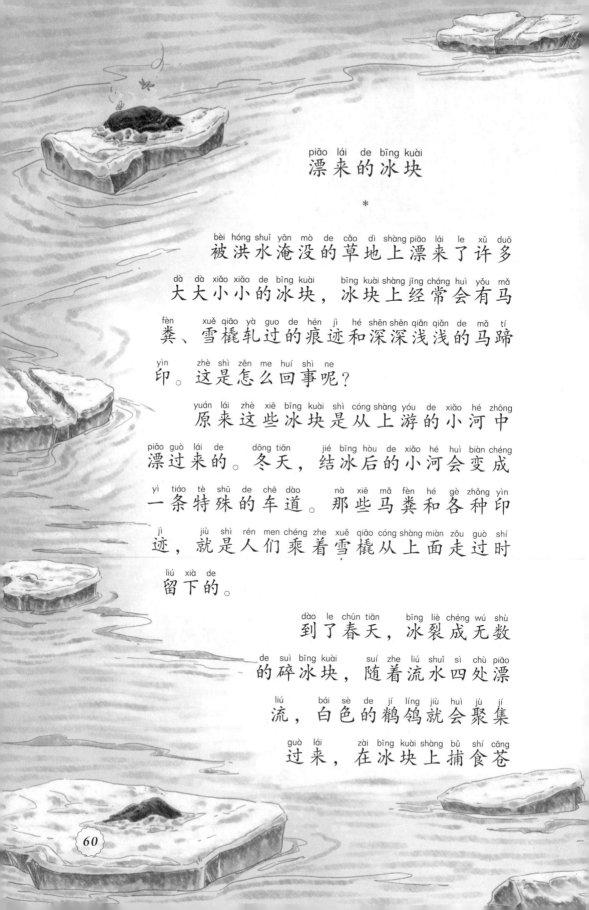

漂来的冰块

*

被洪水淹没的草地上漂来了许多大大小小的冰块，冰块上经常会有马粪、雪橇轧过的痕迹和深深浅浅的马蹄印。这是怎么回事呢？

原来这些冰块是从上游的小河中漂过来的。冬天，结冰后的小河会变成一条特殊的车道。那些马粪和各种印迹，就是人们乘着雪橇从上面走过时留下的。

到了春天，冰裂成无数的碎冰块，随着流水四处漂流，白色的鹈鸪就会聚集过来，在冰块上捕食苍蝇。洪水泛滥的时候，冰块就漂漂荡荡地来到了草地上，一些贪玩的鱼儿则趁机躲在下面游荡。

有一次，一只鼹鼠在草地下面憋坏了，想出来透透气。于是它挑了一个大小合适的冰块，跳到上面随着它一起漂荡。但是，冰块漂着漂着突然不动了。原来，它的角撞在干燥的小土丘上被牢牢地卡住了。

鼹鼠会被困在这里吗？才不会！顺着这个小土丘正好可以回家呀！鼹鼠早就跳上去，挖了一个洞钻进去了。顺着这个小洞，它很快就能回家了。

水路运输忙起来
shuǐ lù yùn shū máng qǐ lái

*

河水解冻了，伐木工人们把木头放在小河里，让它们顺着水流一直往前走。小河里的路很窄，木头不会漂向别的地方。但是到了大江和湖泊，水路一下子变宽了，木头就有迷路丢失的可能。为了杜绝这个现象的发生，工人们在小河和大江、湖泊交接的地方，筑起了一道木栅栏，把木头截下来，然后把它们编成竹筏再放回水中，这样它们就不会乱跑了。看看我们的工人多聪明啊！

在小河上运送木头，会遇到很好玩的事。

有一次，松鼠正在岸边吃松果，一只小狗扑了过来。松鼠扔下松果，跳进小河里，正好落在一根木头上。它从这根木头跳到那根木头，玩得挺高兴。小狗急红了眼，也跟着跳了上去。可是它太笨重了，刚落到木头的这头儿，那头儿就翘起来了。它越使劲扑腾，木头就翘得越高，最后一不小心跌进了河里。而那只松鼠，早就沿着木头三蹦两跳地回到岸上，去啃它的松果了。

树木间的战争（一）

*

森林里传来消息，不同的树种之间发生了战争。我们先去阴森可怕的云杉王国看看。

这里每一棵杉树都有一百多岁，几十层楼那么高。它们把繁茂的树冠连在一起，在空中织了一张巨大的盖子，把阳光挡在了外面。没有阳光，小草枯萎了，花凋谢了，飞鸟走兽也离开了，到处都死气沉沉的。

云杉王国旁边有一条小河，小河边有一块空地，河的对岸是白桦树和山杨树共同管理的国家。

我们知道，用不了多久，河两岸的植物们就要开始争夺这块空地了，于是我们在空地上搭起帐

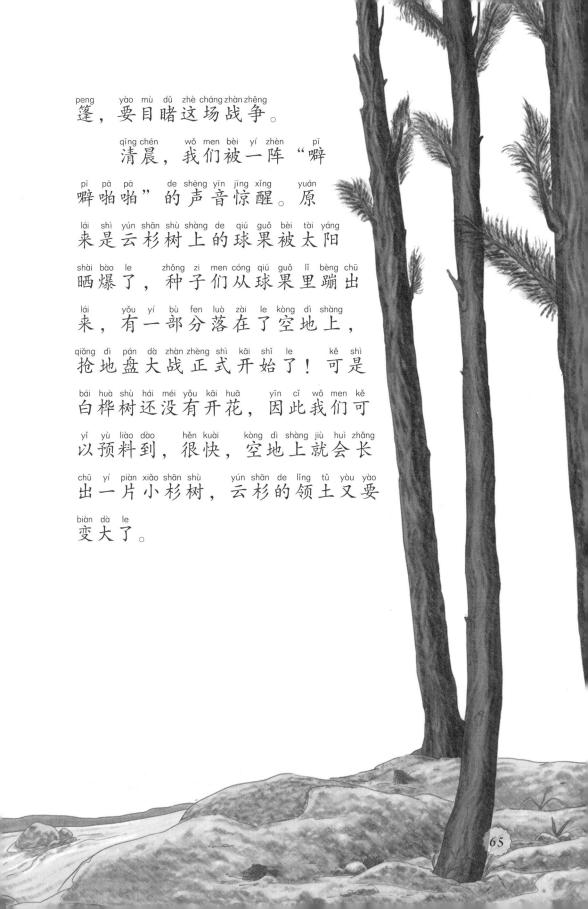

篷，要目睹这场战争。

清晨，我们被一阵"噼

噼啪啪"的声音惊醒。原

来是云杉树上的球果被太阳

晒爆了，种子们从球果里蹦出

来，有一部分落在了空地上，

抢地盘大战正式开始了！可是

白桦树还没有开花，因此我们可

以预料到，很快，空地上就会长

出一片小杉树，云杉的领土又要

变大了。

农庄里的新闻

忙忙碌碌的身影

*

拖拉机成了农庄里的大忙人，谁让它这么能干，既能耕地，又能耙地，还能铲除树墩呢！能者多劳，现在正是它大显身手的时候。

"突突突！"拖拉机唱着歌走在前面，引来了一只蓝黑色的白嘴鸦。它迈着步子在刚翻过的土地上走来走去，正在找蚯蚓和小甲虫

呢！它必须加快速度，因为乌鸦和喜鹊也飞过来了，它们肯定不会嘴下留情的。

拖拉机不理会这些小馋猫们，它把地耕好耙平之后，又带着播种机，把种子撒到地里去了。

秋天种下的黑麦和冬小麦，喝饱了雪水，"噌噌噌"地往上蹿。

灰山鹑正忙着在麦田中筑巢，准备迎接新生命。寒鸦和椋鸟飞到牛背上，来帮它清理藏在皮毛里的牛虻幼虫和苍蝇卵。小蜜蜂从蜂箱里爬出来，伸一伸懒腰，活动一下纤细的腿，抖抖翅膀去采蜜了。

破坏者

*

黑醋栗发芽了，本来是件让人高兴的事。但当地居民却发现了几个圆形的芽，个头比一般的芽大很多，在树枝上非常显眼。

"这些芽是怎么回事？"他们随手摘下一个，轻轻打开之后放到显微镜下查看，立刻吓得脸色发白："这里面藏着扁虱子。"小小的扁虱子被惊醒了，扭扭身子，踢踢腿，露出一副得意洋洋的样子。

别看扁虱子个头小，破坏力可是一流的。它们会先毁掉这些嫩芽，然后把病菌传染给整棵树，让树上一个果子也结不出来，难怪居民们会害怕！

对待这种害人精绝对不能手软，居民们一

棵树一棵树地检查，只要发现藏着扁虱子的嫩芽，就把它摘下来扔进火中烧掉。如果一棵树上长满这种芽，那就把整棵树都砍下来烧掉，以防它们把病菌传染给更多的树。

扁虱子真是可恨的破坏者。

一座新城市

*

仿佛就在一夜之间，我们这里突然多了一座新城市。城市里所有的房子都是规则的六角形，让人惊叹的是，这些房子无论大小、外形还是颜色都一模一样，就连角度的大小都好像是有人专门量好的一样。

住在这里的居民喜欢跳各种有趣的舞蹈，还特别喜欢鲜花。只要一看见鲜花，它们就会一头扎进去，好半天才出来。

哈，你已经猜到了吧！

这些居民就是蜜蜂，而这座新城市就是蜂房。

70

土豆翻身了

*

今天对于土豆来说，是个不同寻常的日子。平时它们一直低调地待在角落里，人们连看都不看一眼。但现在人们却喜笑颜开地走过来，把它们轻轻地摆放在箱子里，还把它们送上了汽车。

"哈哈，兄弟们，知道咱们要去哪儿吗？"

"一座大房子里？还是四处旅行？"

"才不是，我们要被种到土里了。"

没错，土豆们全都被种进了土地里。过不了多长时间，它们就会生根发芽，长出更多的土豆来。

<ruby>城<rt>chéng</rt></ruby><ruby>市<rt>shì</rt></ruby><ruby>里<rt>lǐ</rt></ruby><ruby>的<rt>de</rt></ruby><ruby>新<rt>xīn</rt></ruby><ruby>闻<rt>wén</rt></ruby>

<ruby>怪<rt>guài</rt></ruby><ruby>鱼<rt>yú</rt></ruby>

*

<ruby>最<rt>zuì</rt></ruby><ruby>近<rt>jìn</rt></ruby><ruby>大<rt>dà</rt></ruby><ruby>江<rt>jiāng</rt></ruby><ruby>小<rt>xiǎo</rt></ruby><ruby>河<rt>hé</rt></ruby><ruby>里<rt>lǐ</rt></ruby><ruby>都<rt>dōu</rt></ruby><ruby>出<rt>chū</rt></ruby><ruby>现<rt>xiàn</rt></ruby><ruby>了<rt>le</rt></ruby><ruby>一<rt>yì</rt></ruby><ruby>种<rt>zhǒng</rt></ruby><ruby>怪<rt>guài</rt></ruby><ruby>鱼<rt>yú</rt></ruby>，<ruby>我<rt>wǒ</rt></ruby><ruby>敢<rt>gǎn</rt></ruby><ruby>保<rt>bǎo</rt></ruby><ruby>证<rt>zhèng</rt></ruby>，<ruby>你<rt>nǐ</rt></ruby><ruby>见<rt>jiàn</rt></ruby><ruby>到<rt>dào</rt></ruby><ruby>它<rt>tā</rt></ruby><ruby>一<rt>yí</rt></ruby><ruby>定<rt>dìng</rt></ruby><ruby>会<rt>huì</rt></ruby><ruby>大<rt>dà</rt></ruby><ruby>吃<rt>chī</rt></ruby><ruby>一<rt>yì</rt></ruby><ruby>惊<rt>jīng</rt></ruby>：<ruby>它<rt>tā</rt></ruby><ruby>的<rt>de</rt></ruby><ruby>身<rt>shēn</rt></ruby><ruby>体<rt>tǐ</rt></ruby><ruby>又<rt>yòu</rt></ruby><ruby>细<rt>xì</rt></ruby><ruby>又<rt>yòu</rt></ruby><ruby>长<rt>cháng</rt></ruby>，<ruby>光<rt>guāng</rt></ruby><ruby>溜<rt>liū</rt></ruby><ruby>溜<rt>liū</rt></ruby><ruby>的<rt>de</rt></ruby>，<ruby>没<rt>méi</rt></ruby><ruby>有<rt>yǒu</rt></ruby><ruby>一<rt>yí</rt></ruby><ruby>片<rt>piàn</rt></ruby><ruby>鳞<rt>lín</rt></ruby>。<ruby>它<rt>tā</rt></ruby><ruby>的<rt>de</rt></ruby><ruby>上<rt>shàng</rt></ruby><ruby>半<rt>bàn</rt></ruby><ruby>身<rt>shēn</rt></ruby><ruby>没<rt>méi</rt></ruby><ruby>有<rt>yǒu</rt></ruby><ruby>鳍<rt>qí</rt></ruby>，<ruby>只<rt>zhǐ</rt></ruby><ruby>在<rt>zài</rt></ruby><ruby>靠<rt>kào</rt></ruby><ruby>近<rt>jìn</rt></ruby><ruby>尾<rt>wěi</rt></ruby><ruby>巴<rt>ba</rt></ruby><ruby>的<rt>de</rt></ruby><ruby>地<rt>dì</rt></ruby><ruby>方<rt>fang</rt></ruby><ruby>有<rt>yǒu</rt></ruby><ruby>一<rt>yì</rt></ruby><ruby>条<rt>tiáo</rt></ruby><ruby>尾<rt>wěi</rt></ruby><ruby>鳍<rt>qí</rt></ruby>。<ruby>它<rt>tā</rt></ruby><ruby>的<rt>de</rt></ruby><ruby>嘴<rt>zuǐ</rt></ruby><ruby>巴<rt>ba</rt></ruby><ruby>不<rt>bú</rt></ruby><ruby>是<rt>shì</rt></ruby><ruby>扁<rt>biǎn</rt></ruby><ruby>扁<rt>biǎn</rt></ruby><ruby>的<rt>de</rt></ruby>，<ruby>而<rt>ér</rt></ruby><ruby>是<rt>shì</rt></ruby><ruby>一<rt>yí</rt></ruby><ruby>个<rt>gè</rt></ruby><ruby>漏<rt>lòu</rt></ruby><ruby>斗<rt>dǒu</rt></ruby><ruby>状<rt>zhuàng</rt></ruby><ruby>的<rt>de</rt></ruby><ruby>吸<rt>xī</rt></ruby><ruby>盘<rt>pán</rt></ruby>。

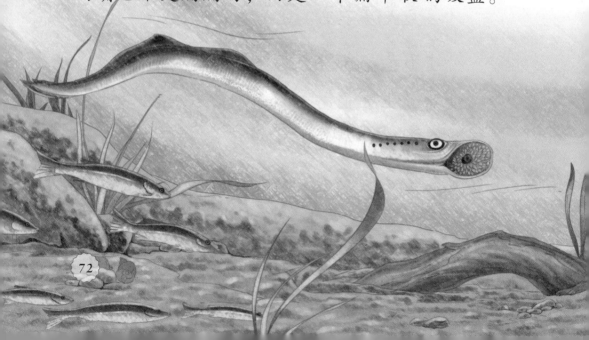

它在水中扭来扭去，真像一条让人害怕的蛇。

但它可不是蛇哟！实际上它的大名叫七腮河鳗，在它两只眼睛的后方，各有七个小孔，所以我们当地人都叫它"七星虫"。

七星虫不但长得怪模怪样的，还是个大懒虫。它不喜欢自己耗费力气去远方游玩，而是像个膏药一样吸附在大鱼身上，坐着大鱼这辆顺风车出门去看风景。

到了产卵的时候，七星虫就找一块自己喜欢的石头，牢牢地吸在上面，疯狂地甩动身子把石头挪开。这时候，石头原来待的地方就会出现一个坑，七星虫便会游过去，把卵产在坑里。

街道越来越热闹

*

冬天冷冷清清的街道，现在变得越来越热闹了。

苍蝇和蚊子自由自在地在空中飞舞，蝙蝠流着口水飞过来，不一会儿就吃饱了。

燕子家族的成员们陆续飞回来了，有脖子上长着棕红色斑点、尾巴像剪刀的家燕；有长着短尾巴和白脖子的白腹毛脚燕；还有穿着灰大衣，腆着白胸脯的灰沙燕。

回来的第一件事，当然就是筑巢：家燕喜欢安稳舒适的地方，所以它把家安在了城郊的木建筑物上；白腹毛脚燕则另辟蹊径，把

房子黏附在凉冰冰的石头上；个子最小的灰沙燕胆子最大，竟然把家安在悬崖绝壁上。

等它们把家安顿好，再过一段时间，雨燕就要回来了。它和之前那三位不太一样，乌黑的羽毛让它远远看上去像个小黑点，镰刀形的翅膀更显得与众不同。它喜欢一边飞一边唱歌，虽然歌声非常刺耳，但它却很享受。

狩猎故事

最好的诱饵

*

现在是猎野鸭的最佳时刻，经验丰富的猎人们都会去马尔基佐瓦湿地，那里是野鸭的聚集地。

猎野鸭最关键的是准备诱饵。公野鸭们的警惕性很高，不会那么轻易上当。但猎人们想到一个好办法——用母野鸭当诱饵。

傍晚，猎人们把小船停靠在还没有融化的

冰块上，然后用绳子把母野鸭拴好，绑在冰块上。确保母野鸭不会逃走后，猎人就把船划到隐蔽的地方躲起来。

"嘎嘎嘎！"母野鸭以为重获自由了，高兴地叫起来。

"嘎嘎嘎！"一只公野鸭听见叫声，以为母野鸭在呼唤自己，高兴地飞过来了。可它还没看清母野鸭的模样，就被打中了。

母野鸭不知道这是猎人的计策，叫得越来越欢，把附近的公野鸭们都吸引过来了。

"哈！大丰收了！"猎人举起枪，轻轻松松就收获了好几只野鸭。母野鸭毫不知情，还在嘎嘎叫，真是个称职的诱饵呀！

欢歌
热舞月

春天第三个月

5月：尽情歌舞吧

*

5月到了，冬天已经逃得无影无踪，春天完全征服了大地。

昆虫们成群结队地飞过来，争着抢着来展示优美的舞姿。它们尽情唱啊跳啊，直到黄昏才停下来，依依不舍地回家了。因为天敌夜鹰和蝙蝠最喜欢在这个时候出没，昆虫们才不会吃这个眼前亏呢！

白天，田野里、水面上、树上，到处都有欢快的歌声，琴鸡、野鸭、啄木鸟、鹬……所有的小精灵都在用自己的方式庆祝这个充满生机与活力的季节呢！

79

森林里的新闻

林中音乐会

*

"啾啾，啾啾……"夜莺用婉转动听的歌声拉开了森林音乐会的序幕。

"嗡嗡嗡！咕咕咕！嗷嗷嗷！汪汪汪！叽叽叽！呱呱呱！"音乐家们都在卖力演奏。啄木鸟把鼓敲得"笃笃"响，黄莺和白眉鸫鸟"呜呜"地吹着笛子。柳雷鸟扑着翅膀来伴奏，狼扯着嗓子高声唱……

多么热闹的场景啊！草地上的居民们也被吸引了过来，自动加入到了这场音乐会中：天牛转动脖子，发出"嘎吱嘎吱"的响声，听起来多像小提琴；蝈蝈用带钩的爪子在翅膀上弹过来，拨过去，好像在弹琵琶。

别急！别急！好戏还在后头。大麻鳽把长长的嘴巴扎进湖水中，"咕噜咕噜"地吹泡泡。田鹬在空中展开翅膀，猛地一头扎下来。风吹动它的翅膀，发出"哗啦啦"的响声，像是在为大家鼓掌呢！

森林音乐会每天都会继续。如果你想来欣赏，那就悄悄地来，悄悄地走，不要打扰它们哟！

守护天使

*

每一朵花都知道花粉对它们有多重要，但是花粉既娇嫩又柔弱，一阵毛毛细雨就可能让它们遭受灭顶之灾。不行，得想办法把花粉保护起来。花朵们绞尽脑汁，做起了花粉的守护天使。

铃兰和黑果越橘把花朵开成小铃铛的形状，把花粉轻轻地罩在里面，这样就安全多了。

金梅草把金黄色的花瓣层层内扣，形成一个天然的小帐篷。花粉住在小帐篷里，风吹不着，雨淋不着，别提多舒服啦！

凤仙花最会偷懒，干脆把整朵花都藏在叶子下面，既能保护花粉，又能让花瓣不受风雨的

qīn xí duō bàng de zhǔ yi ya
侵袭，多棒的主意呀！

yě qiáng wēi hé lián huā bù guǎn kāi de duō me jiāo yàn
野蔷薇和莲花不管开得多么娇艳，
zhǐ yào yí xià yǔ jiù bǎ huā bàn hé qǐ lái quán lì bǎo hù
只要一下雨，就把花瓣合起来，全力保护
huā fěn ér tíng tíng yù lì de máo gèn wèi le bú ràng huā fěn
花粉。而亭亭玉立的毛茛，为了不让花粉
shòu dào shāng hài xīn gān qíng yuàn de zài yǔ zhōng dī xià měi lì
受到伤害，心甘情愿地在雨中低下美丽
ér gāo guì de tóu
而高贵的头。

pà fǔ luò wá
帕甫洛娃

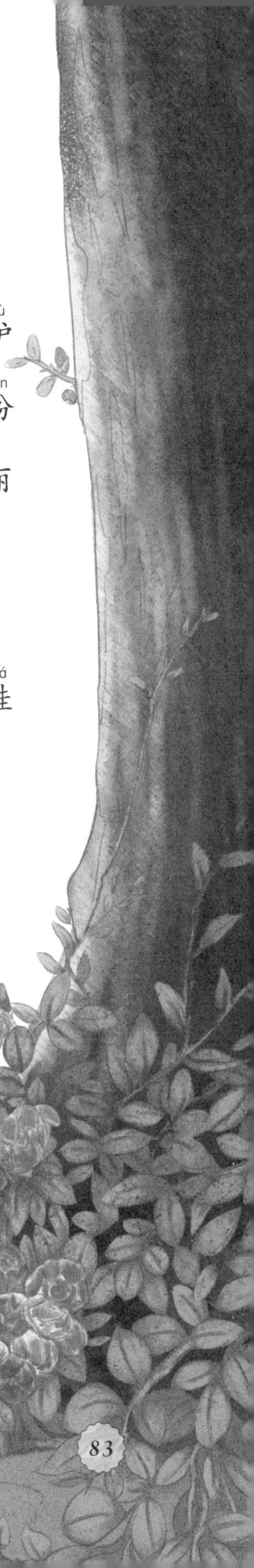

sēn lín wǔ huì
森林舞会

*

音乐会还没结束，舞会又要开始了。今天的舞会有两个主场，一个在沼泽池，一个在空中。

在沼泽池中跳舞的是鹤群。只见它们先围成一个圆圈，然后主角迈着轻盈的步子来到圆圈中央准备起舞。一开始，它只是在原地不停地跳跃，就像运动员在比赛之前做的热身活动。

热身结束，正式表演开始啦！它一会儿转圈，一会儿跳跃，一会儿迈开长腿边跑边跳……舞步五花八门，越看越有趣。配角们挥舞着翅膀打着节拍，配合得非常默契。

空中舞会同样很精彩。鹰隼先是在空中飞

翔一阵，然后猛地收起翅膀，从令人目眩的高度像石块一样向下坠落。正当人们提心吊胆的时候，它却不慌不忙地张开翅膀，优雅地画出一个大圆，"呼"的一下又飞上高空。到空中后，它一会儿把自己变成"风筝"，一动不动地向前飞行，仿佛有根线把它挂在云端，一会儿又翻起跟头来，像是杂技演员一样做出一个个高难度的动作。观众们看得入了迷，都忘记鼓掌了。

五彩缤纷的"花朵"

*

这几天，树枝上突然开出了许多五彩缤纷的花朵。等等，花朵怎么飞走了？原来它们是长着鲜艳羽毛的鸟，刚刚从南方飞回来。

相对于其他鸟来说，它们回来得有点儿晚。但这也是没办法的事呀，它们的羽毛太漂亮了，很容易被敌人发现，只能等到鲜花盛开的时候，有了藏身的地方，才能飞回来。

现在来认识一下这些漂亮的鸟吧！

在小溪边休息的是从埃及飞回来的翠鸟，它的大衣蓝中带绿，在棕色衬衣的搭配下，整体看上去熠熠生辉（闪光发亮）。

在树丛中唱歌的是黄莺，一身亮丽的金黄色羽毛，显得活泼灵动，黑色的翅膀又为它

píng tiān le jǐ fēn shén mì sè cǎi　tā lái zì fēi
平添了几分神秘色彩。它来自非

zhōu nán bù
洲南部。

fēi rù guàn mù cóng zhōng de shì shí diāo　tā shēn
飞入灌木丛中的是石雕。它身

shang suī rán méi yǒu nà me duō liàng lì de yán sè　dàn
上虽然没有那么多亮丽的颜色，但

bān bó de huā wén ràng tā kàn qǐ lái shí fēn dú tè
斑驳的花纹让它看起来十分独特。

cǐ wài hái yǒu jí líng　hóng wěi bó láo děng
此外还有鹡鸰、红尾伯劳等，

zhè xiē niǎo yí gè bǐ yí gè piào liang　nǐ rú guǒ yǒu
这些鸟一个比一个漂亮，你如果有

jī huì　yí dìng yào qīn zì qù kàn kan
机会，一定要亲自去看看。

了不起的长脚秧鸡

*

长脚秧鸡虽然长着翅膀，但它们飞行的时候不如其他鸟类敏捷，很容易成为鹰和隼的猎物。所以它们放弃空中路线，靠着两条大长腿一路走走停停，从千里之外的非洲来到了我们这里。

现在长脚秧鸡终于可以好好休息了。高高的草丛是最好的藏身之所，它们可以放心大胆地在里面唱歌，就算被敌人发现，它们也能以最快的速度逃脱。谁叫它们有两条大长腿呢？这是天然的优势。

白桦流泪

*

森林里一片欢天喜地、生机勃勃的景象。猛地一转身，却发现白桦树"哭"了，"眼泪"源源不断地从树皮缝隙处渗透出来。不一会儿，树干上就流出了一条浅浅的小溪。

人们高兴地拿着瓶子跑过来，切开树皮，将白桦树的"眼泪"装进瓶子里。原来，这种"眼泪"是白桦树的汁液，是一种营养丰富的饮料，不但有淡淡的清香，还对人体非常有益呢！

树木间的战争（二）

*

还记得上一期中云杉王国旁边的那块空地吗？现在已经是绿油油的一片了。但这些绿色的小苗并不是云杉，而是一种叫不上名字的野草。

几天以后，云杉苗长出来了。它们要干的第一件事就是奋力生长，把地盘夺回来。可野草们紧紧护着地盘，要和云杉苗拼到底。

正在它们争得你死我活的时候，一队小伞兵从天而降，飘落在地上，它们是山杨树派来的种子。一阵小雨过后，种子生根发芽，很快就长成了山杨树苗。

之前的敌人还没消灭，又来了新的敌人，云杉决定奋力一搏。它使出全身力气突出重围，迅速用枝叶在空中织了一张密不透风的大网。阳光照不进来了，空气也变得很稀薄，野草和小山杨透不过气来，全都枯萎了。

不远处，又有一队小伞兵乘着"滑翔伞"飞过来了，它们也是来参加战斗的。它们是谁？能不能战胜云杉呢？请继续关注我们的最新报道吧！

nóng zhuāng lǐ de xīn wén
农庄里的新闻

yuè máng yuè kāi xīn
越忙越开心

*

nóng zhuāng lǐ de zhuāng yuán yào gěi bō dào dì lǐ de zhǒng zi shī
农庄里的庄员要给播到地里的种子施

féi ràng tā men jǐn kuài shēng gēn fā yá hái yào qù cài yuán lǐ zhòng tǔ
肥，让它们尽快生根发芽，还要去菜园里种土

dòu hú luó bo luó bo gān lán děng yà má dì lǐ de cǎo yě
豆、胡萝卜、萝卜、甘蓝等。亚麻地里的草也

gāi chú le huó zhēn shì duō de gàn bù wán na
该锄了，活真是多得干不完哪！

hái zi men yě méi xián zhe tā men yào bǎ huà shù zhī zā chéng sào
孩子们也没闲着。他们要把桦树枝扎成扫

zhou yào qù cǎi zhāi xīn xiān de qián má nèn yá hái yào qù hé lǐ bǔ
帚，要去采摘新鲜的荨麻嫩芽，还要去河里捕

92

鱼，干的活一点儿也不比大人们少。

说到捕鱼，孩子们个个都是行家。捉哪种鱼用网，捉哪种鱼用鱼竿，他们一清二楚。除此以外，他们还会用网袋捕虾。晚上，几个小伙伴把网袋撒进小河里，然后聚在篝火旁说说笑笑，不一会儿，虾就会自己游进网袋里。

秋天种下的黑麦已经长高了，住在麦田里的雌野鸡正在孵蛋，雄野鸡担负起保护家人的责任，再也不敢乱叫了。因为它一出声，就会把老鹰、狐狸或调皮的孩子们招来，那可就糟了。雄野鸡才不会干那样的傻事。

93

亚麻求助

*

田里的亚麻整天闷闷不乐，生长速度也慢了下来。到底是怎么回事呢？庄员们来到地头查看，亚麻嘟着嘴说："瞧瞧，满地的杂草，把我们的营养都抢走了。这事你们必须得管哪！"庄员们也觉得事态严重，赶紧回去商量对策。

不一会儿，一群女庄员来了。她们脱掉鞋袜，光着脚在亚麻田里除起草来。亚麻被拨弄得倒伏下去，但它们没有一句怨言。只要没有了杂草的阻碍，它们很快就能站直身子了。

94

脱棉袄喽

*

天气都这么暖和了，绵羊们还裹着厚厚的棉袄，这样它们会生病的。"剪羊毛，给绵羊脱掉棉袄！"剪毛工拿起电动推子，三两下就把羊毛统统剪光了。绵羊们变得光秃秃的，看着怪怪的！一只绵羊妈妈回到羊宝宝身边，羊宝宝们却哭着说："走开，你不是我们的妈妈。"原来它们认不出没有毛的妈妈了。

好日子

*

饲养员们欢天喜地地谈论着他们的收成："今年春天，出生了不少小马、小羊、小牛和小猪，我们这里的牲口越来越多啦！"

小饲养员也高兴地说："我原来只有1只母山羊，但母山羊生了3只小山羊，所以我现在已经有4只山羊啦！"

樱桃树上开满了白色的花朵；梨树上的花蕾星星点点，一派繁华；苹果树上的花骨朵粉嘟嘟的，看得人心里真欢喜；匍匐在地上的草莓把白色的花朵发卡戴到头顶上，看起来清新又典雅。

xiàn zài guǒ yuán lǐ hái shi bǎi huā zhēng yàn　guò bù liǎo duō jiǔ jiù
现在果园里还是百花争艳，过不了多久就

yào guā guǒ piāo xiāng le
要瓜果飘香了。

chí táng biān de cài dì lǐ yǒu yí duì hǎo lín jū　fān qié hé huáng
池塘边的菜地里有一对好邻居：番茄和黄

guā　fān qié yǐ jīng zhǎng chū le huā gǔ duo　guò bù liǎo duō jiǔ jiù yào
瓜。番茄已经长出了花骨朵，过不了多久就要

kāi huā le　huáng guā zhǎng chéng le lǜ sè de pàng wá wa　tǎng zài tè
开花了。黄瓜长成了绿色的胖娃娃，躺在特

zhì de bái sè fēng tào lǐ　zài yě bú yòng dān xīn hài chóng lái dǎo luàn
制的白色封套里，再也不用担心害虫来捣乱

le　tā xīn mǎn yì zú de shuō　měi tiān dōu shì hǎo rì zi　zhēn
了，它心满意足地说："每天都是好日子，真

xìng fú wa
幸福哇！"

97

chéng shì lǐ de xīn wén
城市里的新闻

xǐ huan wèn wèn tí de niǎo
喜欢问问题的鸟

*

yǒu gè rén lái dào   sēn lín bào   biān jí bù   xìng chōng chōng de
有个人来到《森林报》编辑部，兴冲冲地

shuō   jīn tiān zǎo chen wǒ zài gōng yuán lǐ yù jiàn le yì zhī xǐ huan wèn wèn
说："今天早晨我在公园里遇见了一只喜欢问问

tí de niǎo
题的鸟。"

zěn me huí shì
"怎么回事？"

wǒ zhèng zài gōng yuán lǐ sàn bù   hū rán   guàn mù cóng lǐ yǒu
"我正在公园里散步，忽然，灌木丛里有

gè dà sǎng mén wèn wǒ   jiàn guo tè lǐ shí kǎ ma   wǒ yì kāi shǐ
个大嗓门问我：'见过特里什卡吗？'我一开始

hái yǐ wéi yù jiàn shú rén le ne   kě shì zǐ xì qiáo qiao   sì zhōu yí
还以为遇见熟人了呢，可是仔细瞧瞧，四周一

gè rén yǐng yě méi yǒu   zhǐ yǒu yì zhī niǎo zhàn zài guàn mù cóng shàng   nán
个人影也没有，只有一只鸟站在灌木丛上。难

道是鸟在说话吗？我好奇地望着这只红彤彤的小鸟，果然，它又开口说话了：'见过特里什卡吗？''见过特里什卡吗？'真是怪事呀！鸟会说人话，还喜欢问别人问题。你们说怪不怪？"

"是挺奇怪的，不过我认识你说的这种鸟。那是从印度飞来的朱雀，它的叫声很怪异，听起来就像在问别人'见过特里什卡吗？'"

"哈哈，原来是朱雀呀！下次再见到它，我一定会和它打个招呼。"那个人高兴地说。

大洋深处的居民

*

许许多多的鱼儿都是从大海和大洋来到内河里产卵，然后新生的鱼群再从内河游回去。

但是只有一种鱼是出生在大洋深处，再从那里游入内河生活的。

这种神奇的鱼出生在大西洋深处的马尾藻海，叫作柳叶鱼。

你们没听说过这个名字吧？

其实这只是它的其中一个名字，因为这种鱼小的时候通体透明，甚至能看到它的肠子，身体两侧扁扁的，薄得像一片柳叶，所以人们叫它"柳叶鱼"；等它长大一点儿，就会变得像玻璃一样，人们叫它"玻璃鱼"；而等它完全长大之后，会变得像没有鳞片的蛇一样，这时候人们便叫它"鳗鱼"。

柳叶鱼在大西洋里生活三年，到第四年，它们变成了玻璃鱼，开始密密麻麻、成群结队地拥进内河生活。

从大西洋的故乡到这儿，它们的行程可不少于两万五千千米啊！

采蘑菇去

*

花园里的丁香花开始凋谢，意味着春天结束，夏天来临了。

野地里、山坡上，到处都长满了小蘑菇。暗红色的红菇、胖嘟嘟的牛肚菌、水灵鲜嫩的白菇，它们不但味道鲜美，营养价值还相当高呢！

这些蘑菇是在黑麦抽穗的时候长出来的，所以人们又管它们叫抽穗菇。不过你要想尝尝鲜，一定要抓紧时间哪，因为它们只在夏天出现。

陌生的野兽

*

最近几年，猎人们总是在森林里遇见一些陌生的野兽，这些野兽之前并不生活在这里，所以很多人都没见过。

这些天，猎人们都在兴冲冲地谈论着他们猎到的一种野兽——乌苏里貉，它的模样像浣熊，个头像狐狸，一身绒毛蓬松又柔软，两只眼睛乌黑发亮。这要在以前，人们是没办法猎到这种动物的。但自从10年前第一批乌苏里貉乘火车到这里安家后，它们的家族迅速扩大，数量越来越多，也就允许捕猎了。

生活在地下的贵族

*

提起生活在地下的动物，人们总是会想到老鼠。老鼠不但偷走粮食，还会在地下偷吃植物的根，让人们深恶痛绝。事实上生活在地下的并不都是老鼠这样的小偷，还有欧鼹这样的贵族呢！

为什么说欧鼹是贵族呢？一是因为欧鼹永远穿着柔软发亮的天鹅绒大衣，这可是贵族们才享用得起的奢侈品哟！二是因为欧鼹品德高尚，它们从来不喜欢在地下干偷偷摸摸的勾当。相反，它们还会吃有害的幼虫，为人类除害呢！

当然，如果欧鼹在花园和菜地里刨土挖洞，很有可能会破坏花卉和蔬菜。这时候人们也不必动怒，在它的洞穴上面插入一根竹竿，竹竿上面装上小风车。只要风吹动风车转起来，竹竿就会跟着抖动。"嗡嗡嗡"的声音随着竹竿传入洞里，洞中的土也会颤动起来，欧鼹不明白是怎么回事，准会跑得远远的了。

少年自然界研究者：尤拉

105

云掉下来了

*

6月的某一天，太阳发了疯似的照着，好像要把大地上的一切烤焦。地面被晒得滚烫，人们热得心烦意乱，站不稳脚跟，恨不得钻进冰窖里去躲一躲。

忽然，不知道是谁喊了一句："云掉下来了。"

人们抬起头，看见一大片灰色的云朵从河对岸飘过来。可是它飘得也太低了，都快要贴到水面上了。

"难道真的是云从天上掉下来了？"人们正在纳闷，云忽然散开了。大家这才明白，那

gēn běn bú shì yún ér shì chéng qiān shàng wàn zhī qīng tíng
根本不是云，而是成千上万只蜻蜓。

tā men yào gěi rén men biǎo yǎn kōng zhōng zá jì ma dāng rán bú
它们要给人们表演空中杂技吗？当然不

shì tā men gāng chū shēng méi duō jiǔ hái méi zhǎo dào zhù de dì fang
是，它们刚出生没多久，还没找到住的地方

ne zhè duì yú tā men lái shuō kě shì tóu děng dà shì suǒ yǐ tā
呢！这对于它们来说，可是头等大事。所以它

men bù gǎn dān ge lái bu jí shuō shēng zài jiàn jiù huī dòng zhe chì bǎng lüè
们不敢耽搁，来不及说声再见就挥动着翅膀掠

guò shuǐ miàn rào guò gāo lóu xiāo shī zài rén men de shì xiàn lǐ
过水面，绕过高楼，消失在人们的视线里。

bú guò zài mēn rè de tiān qì lǐ kàn jiàn zhè xiē xiān huó de xiǎo
不过，在闷热的天气里看见这些鲜活的小

shēng mìng rén men de xīn qíng yǐ jīng hǎo duō le
生命，人们的心情已经好多了。

蝙蝠的秘密武器

*

一个闷热的晚上，小女孩正在窗前读书，一只蝙蝠突然从窗户飞进来。小女孩吓得捂住脑袋，大声嚷嚷："爷爷！有蝙蝠！"

爷爷说："别担心，它是冲灯光来的。"

小女孩看着蝙蝠，好奇地问爷爷："天已经黑了，蝙蝠不会迷路吗？"

"不会，"爷爷笑着摇摇头说，"蝙蝠有秘密武器。"

爷爷说的这个秘密武器是什么呢？科学家们曾经做过实验，把蝙蝠放进一个设置好重重障碍的屋子里，然后蒙上它们的眼睛和鼻子。大家都以为它

们会撞得头破血流，谁知它们竟然轻松躲过各种障碍，畅行无阻。可见，它们"看"东西靠的不是眼睛或鼻子。

后来人们才发现，蝙蝠的秘密武器是一种超声波。当蝙蝠飞行的时候，嘴里会发出超声波，超声波撞到障碍物上会迅速反射回来，蝙蝠收到信号，就能准确判断障碍物的位置，顺利避开了。

shòu liè gù shi

狩猎故事

熊的诱饵
xióng de yòu ěr

*

农庄里的小牛犊接二连三被熊咬死了，
nóng zhuāng lǐ de xiǎo niú dú jiē èr lián sān bèi xióng yǎo sǐ le

庄员们忍无可忍，决定请猎人塞索伊奇帮忙。
zhuāng yuán men rěn wú kě rěn，jué dìng qǐng liè rén sài suǒ yī qí bāng máng

塞索伊奇经验丰富，他先在森林里搭了一
sài suǒ yī qí jīng yàn fēng fù，tā xiān zài sēn lín lǐ dā le yì

圈矮矮的栅栏，然后把小牛犊的尸体放进去。
quān ǎi ǎi de zhà lan，rán hòu bǎ xiǎo niú dú de shī tǐ fàng jìn qù

原来塞索伊奇打算做一个陷阱，一切都准备好
yuán lái sài suǒ yī qí dǎ suàn zuò yí gè xiàn jǐng，yí qiè dōu zhǔn bèi hǎo

后，他没有在旁边守着，而是若无其事地回家
hòu，tā méi yǒu zài páng biān shǒu zhe，ér shì ruò wú qí shì de huí jiā

了。直到一周以后，他才不慌不忙地返回来。
le。zhí dào yì zhōu yǐ hòu，tā cái bù huāng bù máng de fǎn huí lái

仔细检查之后发现小牛犊没有被动过的痕迹，
zǐ xì jiǎn chá zhī hòu fā xiàn xiǎo niú dú méi yǒu bèi dòng guo de hén jì

他又回家了。接下来的几天，他每天到栅栏边查看。

两周以后，塞索伊奇发现小牛犊的尸体上被咬了一块，熊上钩了。

当天晚上，塞索伊奇拿着枪在离栅栏不远的地方躲了起来。半夜，黑熊来了，它狼吞虎咽地咬着死牛犊，嘴里发出"呜呜呜"的声音。

"砰！"

塞索伊奇一枪击中黑熊要害。黑熊倒在地上，再也不能去干坏事了。

111

图书在版编目（CIP）数据

森林报．春 /（苏）维·比安基著 ； 学而思教研中
心编 ． -- 济南 ：山东电子音像出版社， 2024. 10.
ISBN 978-7-83012-541-7

Ⅰ．S7-49
中国国家版本馆 CIP 数据核字第 2024A7Z975 号

出 版 人：刁　戈
责任编辑：蒋欢欢　张文心
装帧设计：学而思教研中心设计组

SENLINBAO CHUN
森林报·春

［苏］维·比安基　著　　学而思教研中心　编

主管单位：山东出版传媒股份有限公司
出版发行：山东电子音像出版社
地　　址：济南市英雄山路 189 号
印　　刷：湖南天闻新华印务有限公司
开　　本：710mm×1000mm　1/16
印　　张：7.5
字　　数：96 千字
版　　次：2024 年 10 月第 1 版
印　　次：2024 年 10 月第 1 次印刷
书　　号：ISBN 978-7-83012-541-7
定　　价：22.80 元

专属＿＿＿＿＿＿＿的

阅读成长记录册

阅读指导

　　充满趣味的阅读指引与内容导入，既有对配套书籍相关内容的介绍与分析，也有对阅读方法的细致指导与讲解，可辅助教师教学及家长辅导，亦可供孩子自主学习使用。

阅读测评

　　主要是针对"21天精读名著计划"的具体安排及测评。我们根据不同年龄段孩子的注意力集中情况、阅读速度、理解水平以及智力和心理发展特点，有针对性地对孩子进行阅读力的培养。

年级	日均阅读量	阅读力培养
1—2	约1000字	认读感知能力，信息提取能力
3—4	约6000字	分析归纳能力，推理判断能力
5—6	约9000字	评价鉴赏能力，迁移运用能力

阅读活动

　　通过形式多样的阅读活动，调动孩子的阅读积极性，培养孩子听、说、读、写、思多方面的能力，让孩子能够综合应用文本，更有创造性地阅读。

六大阅读能力

认读感知能力　认读全书文字　感知故事情节

信息提取能力　提取直接信息　提取隐含信息

分析归纳能力　分析深层含义　归纳主要内容

推理判断能力　推理词句含义　作出预判推断

评价鉴赏能力　评价人物形象　鉴赏词汇句子

迁移运用能力　信息迁移对比　知识灵活运用

小朋友，你对报纸一定很熟悉吧，我们经常通过报纸来了解最近发生的新闻。但是，在什么报上能看到白桦树"流泪"、云杉树"扩展领地"和秧鸡"徒步"走过整个欧洲的有趣消息呢？其实，森林中每天都有丰富多彩、妙趣横生的事情发生。现在，我们也有机会看到所有这些事情了，它们就刊登在《森林报·春》中！

作者简介

维·比安基（1894—1959），苏联著名的儿童文学作家。他出生在一个养着许多动物的家庭里，他的父亲是著名的自然科学家。比安基深受父亲的影响，从小就喜欢大自然，热爱大自然里的每一棵草、每一朵花、每一只小动物，这些都成了他生命里不可或缺的一部分。比安基27岁时已写下一大堆日记，他下定决心要用艺术的语言，让那些奇妙、美丽、珍奇的小动物永远活在他的书里。正是抱着这种美好的愿望，他为孩子们创作出了《森林报》系列。

内 容 简 介

　　《森林报》是世界经典儿童森林百科全书。全书共分为春、夏、秋、冬四册，每册都按照独特的"森林历"编排。

　　在本册《森林报·春》中，你可以看到春天的三个月里，大自然为迎接春天做了许多事情："森林里的新闻"是最为丰富的，春天万物复苏，森林开起了音乐会、舞会，可热闹了！"城市里的新闻""农庄里的新闻"也不少，有些小家伙和人类做起了邻居，他们之间发生了好些有趣的事情呢！"狩猎故事"讲了猎人和动物之间的故事，在春天打猎可要注意有些动物是不可以猎杀的哦！

　　春天的森林里乐趣无穷，每个动植物都有自己的生活方式，演绎着别样的生活姿态。细细读来，它们似乎就是成天打闹的隔壁邻居一般，让人倍感亲切可爱。

文 学 赏 析

　　《森林报》被誉为史无前例的"大自然的百科全书"。它的语言充满童趣，笔调轻快，形式新颖。出版90多年，依然长盛不衰，堪称经典。

　　在《森林报·春》这本书中，作者用拟人化的语言、充满童趣和爱心的口吻、通讯消息的新闻体裁讲述了森林里植物、动物和人之间的故事。小朋友们通过阅读这本书，不仅可以从森林里的趣闻中得到欢笑，还能增长见闻、丰富知识，对于语文、地理、生物等学科的学习大有益处。

　　作者不仅将动植物的生活描写得栩栩如生、引人入胜，还细心地传授了观察、思考和研究大自然的方法。读完这套妙趣横生的自然之书，你不仅能拥有丰富的动植物知识，还能学会热爱自然和生活，为保护自然尽心尽力。

阅读方法

1 看封面，读报头，猜内容

阅读，从封面开始。通过封面上的图画和文字，你可以了解到关于这本书的哪些信息呢？作为以报刊的形式编排的书，每一期都有报头，看了这三期报头，联系过往生活经验，猜猜这三个月森林里都发生了哪些事？

2 多种方法，反复品读

当读到精彩的内容时，我们通常会反复阅读，直到读懂为止。我们可以用哪些方法来欣赏书中的精彩之处呢？例如圈画批注、好词好句摘录、反复朗读、联想等。

3 制作名片，整合信息

《森林报·春》里介绍了许许多多的动植物，在了解到一个新奇的动植物后，我们可以将有关的信息提炼出来制作出它的专属名片。

4 阅读拓展

如果你想更广泛、更深入地认识和了解森林中动植物的生活，你就要认真地读完《森林报》之《春》《夏》《秋》《冬》四本书。相信读完这四本书后，你会对大自然一年的变化有更多的认识。

阅读测评

3月：<ruby>春<rt>chūn</rt></ruby><ruby>天<rt>tiān</rt></ruby><ruby>来<rt>lái</rt></ruby><ruby>了<rt>le</rt></ruby>——<ruby>第<rt>dì</rt></ruby><ruby>一<rt>yī</rt></ruby><ruby>批<rt>pī</rt></ruby><ruby>花<rt>huā</rt></ruby><ruby>开<rt>kāi</rt></ruby><ruby>了<rt>le</rt></ruby>

1.（判断）仔细阅读，判断对错。对的画"√"，错的画"×"。

（认读感知能力）

（1）白嘴鸦在返乡的路上死去了一大半。　（　　）

（2）兔宝宝们等来了自己的兔妈妈给它们喂奶。（　　）

（3）春天的第一批花开在榛子树上。　（　　）

2.（排序）榛子树是怎么结出小榛子的呢？请你排排序。

（推理判断能力）

①长出雌蕊的柱头	②风儿摇落花粉
③长出小花苞	④花儿凋谢，花苞变榛子

结出榛子的顺序是：（　　）→（　　）→（　　）→（　　）

qiáo zhuāng dà fǎ　　　zhè shì shuí ya
乔 装 大 法 —— 这 是 谁 呀 ？

3.（单选）冬天里，聪明的白兔和白山鹑用什么来掩护自己？（　　　）

　　A.枯草　　　　B.树枝　　　　C.白雪　　　　D.泥土

4.（选择填空）春天的森林有着五彩缤纷的美，请你将这些植物装入对应颜色的瓶子里。

　　①小松树　　　　②帚石南的花
　　③苔藓　　　　　④越橘的叶子
　　⑤蜂斗叶的花　　⑥蜂斗叶的叶子

5.（涂画）在"阁楼里的住户"中，住在阁楼里的都有谁呢，你能给它们涂上好看的颜色吗？

（信息提取能力）

大雁

鸽子

寒鸦

麻雀   啄木鸟

6.（排序）在"春天里的小精灵"中，小精灵们要上场表演了，请你为它们安排好上场的顺序吧！

（认读感知能力）

A. 燕雀　　　　　B. 舞虹　　　　　C. 蝴蝶

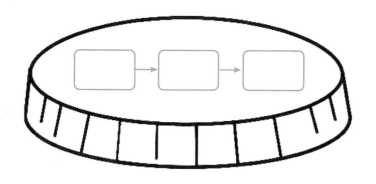

shuí yóu guò lái le   xióng xǐng le

谁 游 过 来 了？—— 熊 醒 了

7.（连线）在"谁游过来了？"的故事中，小动物们并不是都会游泳，请你将它们分分类。

（分析归纳能力）

| 青蛙 | 田鼠 | 屎壳郎 | 水鼩 |

不会游泳

会游泳

8.（多选）从"为椋鸟准备的屋子"的故事中，可以看出椋鸟有哪些特点呢？（　　　　　）

（推理判断能力）

A. 椋鸟很漂亮

B. 椋鸟爱干净

C. 椋鸟能捕捉害虫，是人类的好朋友

D. 椋鸟喜欢搞破坏

E. 椋鸟害怕猫搞破坏

春天 里 的 收获 —— 好饿！好饿！
chūn tiān lǐ de shōu huò hǎo è hǎo è

9.（单选）早春时节，农庄里居然有新鲜的黄瓜！它们是从哪里来的呢？

（信息提取能力）

我知道！一定是从冰箱里拿出来的！

A

不对，它们是种在温室里的黄瓜。

B

（　　）的答案是对的！

10.（连线）请将农庄里的人和植物遇到的事与他们此时的心情一一对应。

（信息提取能力）

| 饲养员 | 搬到温暖的屋子 | 喜笑颜开 |
| 土豆 | 为猪妈妈接生 | 心满意足 |

liè rén dà fēng shōu　　　　zhēn zhèng de shèng lì zhě
猎 人 大 丰 收 —— 真 正 的 胜 利 者

11.（单选）丘鹬喜欢在什么样的天气里求偶？（　　　）

（认读感知能力）

 A.　　　　 B.　　　　 C.

12.（多选）阅读"真正的胜利者"小节，回答小女孩的问题。

（评价鉴赏能力）

> 猎人们在森林里猎杀求偶的琴鸡，这种做法正确吗？（　　　）

A. 不正确，我们应该保护动物。

B. 正确，猎人们就是以打猎为生的。

C. 不正确，这样会影响琴鸡的求偶和繁殖。

D. 正确，只猎杀两只琴鸡不会有什么影响。

> 全神贯注，弹无虚发！

13.（选择填空）阅读完春天第一个月的新闻了，请你完成下面的题目吧。

（信息提取能力）

　　按照森林历，春天的第一个月是从（　　）（　　）这一天开始的。春天的第一封电报告诉我们（　　）从南方回来了，春天的第一批花开在（　　）树上。每年的春天，（　　）都要经过列宁格勒，到（　　）去筑巢。猎人们也获得了大丰收，他们捕到一只十几斤重的（　　）。

　　A.1月　　　　　B.3月　　　　　C.1日　　　　　D.21日

　　E.白嘴鸦　　　F.白天鹅　　　G.松鸡　　　　H.琴鸡

　　I.北德维纳河　J.云杉　　　　K.榛子

14.（判断）仔细阅读下列说法，判断对错。

（分析归纳能力）

　　（1）雪崩的时候松鼠宝宝们什么也不知道，还在窝里打呼噜。　　　　　　　　　　　　　　　　（　　）

　　（2）昆虫们努力寻找食物与温暖，告诉了我们困难再多也不要放弃的道理。　　　　　　　　　　（　　）

　　（3）田野里的麦苗熬过寒冷的冬天，积雪融化后就长得又高又壮。　　　　　　　　　　　　　　（　　）

4 月：重获自由——森林中的

yuè　chóng huò zì yóu　　　sēn lín zhōng de

清洁工

qīng jié gōng

15.（连线）小动物们苏醒过来后，最先做的事情是什么？请你连一连。

（认读感知能力）

蝰蛇		紧紧抱成一团晒太阳
蚂蚁		给大家表演变戏法
叩头虫		爬到枯树墩上晒太阳

16.（单选）森林中的清洁工是谁？（　　　）

（信息提取能力）

勤劳的环卫工叔叔阿姨。

A

熊、狼、乌鸦、葬甲虫等小动物。

B

huì fēi de lǎo shǔ
会 飞 的 老 鼠? —— 洪 水 中 的 幸 运 儿
hóng shuǐ zhōng de xìng yùn ér

17.(单选)青蛙的卵和癞蛤蟆的卵是不一样的,请你辨一辨。

（认读感知能力）

青蛙的卵是（　　　），癞蛤蟆的卵是（　　　）。

18.(多选)为了防止被洪水淹死,在春水泛滥时,小动物们应该做好哪些准备?（　　　）

（推理判断能力）

A. 找好地势高的地方或高大可容身的树木。

B. 洪水来临前观察灾情,提高警惕。

C. 挖好地下洞穴,洪水来了就到里面避难。

yì wài　　　　shù mù jiān de zhàn zhēng　　yī
意 外 —— 树 木 间 的 战 争 （一）

19.（多选）鼹鼠是靠什么方式回家的？（　　　　）

（信息提取能力）

挖洞　　随冰块漂　　滑翔

A　　B　　C

20.（单选）抢地盘大战开始了！小河边上的空地将来会是哪

种树木的领地？（　　　　）

（推理判断能力）

　A.白桦树　　　　B.山杨树　　　　C.云杉树

máng máng lù lù de shēn yǐng —— tǔ dòu fān shēn le
忙 忙 碌 碌 的 身 影 —— 土 豆 翻 身 了

21.（单选）蜜蜂的蜂房大概长什么样子呢？请你选一选。
（　　　）

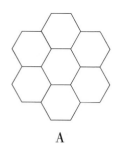

A

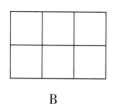

B

22.（单选）在"土豆翻身了"一节中，人们把土豆送上汽车，这些土豆将会变成哪一类东西？（　　　）

餐桌上的食物

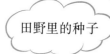

田野里的种子

怪鱼 —— 街道越来越热闹

guài yú　　　jiē dào yuè lái yuè rè nao

23.（多选）河里的"怪鱼"有什么特点？（　　　）

（分析归纳能力）

A.长得怪模怪样的，身上没有鳞片

B.吸附在大鱼身上去远方玩

C.是一种生长在水里的水蛇

D.会把卵产在石头坑里

24.（连线）燕子家族种群庞大，每一种燕子都有不一样的特征，请你将它们一一对应。

（分析归纳能力）

家燕	穿着灰大衣，腆着白胸脯
毛脚燕	镰刀状的翅膀，歌声刺耳
灰沙燕	短尾巴，白脖子
雨燕	脖子有棕红斑点，尾巴似剪刀

zuì hǎo de yòu ěr
最好的诱饵

25.（选择填空）还记得今天的故事吗？请你概括一下吧。

（信息提取能力）

　　猎人们在这个月喜欢猎野鸭，他们会去马尔基佐瓦（　　）。因为这些动物警惕性太高，猎人们就想出放诱饵的好方法，诱饵是（　　），最后他们成功收获了好几只（　　）。

　　A. 草原　　　　B. 湿地　　　　C. 公野鸭　　　　D. 母野鸭

26.（单选）下列词语读音正确的一项是（　　）。

（认读感知能力）

　　A. 诱饵（yòu ěr）　　隐蔽（yǐn bì）

　　B. 诱饵（xiù ěr）　　隐蔽（yǐn bì）

　　C. 诱饵（yòu ěr）　　隐蔽（yǐn yì）

专心致志，百发百中！

27.（涂画）"小小脚环作用大"一节中，动物学家通过给鸟儿戴脚环，发现候鸟们会飞往哪些方向过冬？请你为它们飞去的方向涂上喜欢的颜色。

（信息提取能力）

28.（选择填空）请选择合适的形容词来搭配这些猎人和小动物们。

（评价鉴赏能力）

（1）（　　　）的啄木鸟攻击掏鸟蛋的鼯鼠。

（2）（　　　）的松鼠在洪水中存活了下来。

（3）（　　　）的猎人刚刚打死了梭鱼。

（4）（　　　）的扁虱子破坏力一流，会毁掉整棵树。

A. 可恶　　　B. 愤怒　　　C. 懊恼　　　D. 幸运

5 月：尽情歌舞吧——五彩缤纷的 "花朵"

29. （单选）鸟儿们邀请你到森林音乐会去玩，在那里你不会看到哪种小动物？（　　　）

（信息提取能力）

    A. 白眉鸫鸟   B. 蝈蝈

    C. 田鹨   D. 鹰隼

30. （单选）为什么漂亮的鸟儿们回来得很晚？（　　　）

（推理判断能力）

    A. 因为漂亮的鸟儿太瘦弱，飞得慢。

    B. 因为天气寒冷的时候大地光秃秃的，鲜艳的羽毛容易被敌人发现。

    C. 因为它们过冬的地方太远了，飞回来要花很多时间。

    D. 因为它们是靠大长腿走回来的。

liǎo bu qǐ de cháng jiǎo yāng jī   shù mù jiān de
了 不 起 的 长 脚 秧 鸡 —— 树 木 间 的

zhàn zhēng   èr
战 争 （ 二 ）

31.（多选）人们都喜欢收集白桦树的"眼泪"，这"眼泪"
有什么好处？（　　　）

（分析归纳能力）

　　A. 是口感不错的饮料

　　B. 可以做成香水

　　C. 营养很丰富，对人体有益

　　D. 是制作瓶子的原材料

32.（圈选）云杉树苗的敌人们都有谁呢？请你圈一圈。

（信息提取能力）

①白桦树种　②"小伞兵"种子　③野草　④山杨树苗

yuè máng yuè kāi xīn　　　hǎo rì zi
越 忙 越 开 心 —— 好 日 子

33.（单选）"田里的亚麻整天闷闷不乐，生长速度也慢了下来。"这句话中"闷闷不乐"的意思是（　　　）。

（迁移运用能力）

　　A. 形容天气过于沉闷。

　　B. 心里烦闷，不快活。

　　C. 一个叫"闷闷"的小朋友感到不快乐。

34.（圈选）到了夏天和秋天，果园里能摘到哪些瓜果吃呢？请你圈出来吧。

（推理判断能力）

35.（标记）柳叶鱼的一生有不同的发展阶段和名字，请你把名字的序号标在对应的鱼身上。

（认读感知能力）

　　A.鳗鱼　　　　　　B.柳叶鱼　　　　　　C.玻璃鱼

36.（选择填空）还记得今天的故事吗？请你概括一下吧。

（信息提取能力）

　　森林里来了一些新的野兽，它们叫（　　），它们的模样像（　　），个头像（　　）。它们是（　　）前的时候乘坐（　　）过来的。因为数量多起来，就允许捕猎了。

　　A.朱雀　B.乌苏里貉　C.汽车　D.狐狸　E.狗熊

　　F.浣熊　G.10年　　　H.火车　I.1年

shēng huó zài dì xià de guì zú —— biān fú de

生活在地下的贵族——蝙蝠的

mì mì wǔ qì

秘密武器

37.（多选）为什么说欧鼹是贵族呢？（　　　）

（分析归纳能力）

A. 因为它们的皮毛总是柔软发亮。

B. 因为它们在地下捕老鼠，防止老鼠吃植物的根。

C. 因为它们品德高尚，不喜欢做偷偷摸摸的坏事。

D. 因为它们会吃有害的幼虫，帮人类除害。

38.（单选）蝙蝠的"秘密武器"是什么？（　　　）

（信息提取能力）

A. 眼睛　　　　B. 鼻子　　　　C. 翅膀　　　　D. 超声波

xióng de yòu ěr

熊 的 诱 饵

39.（单选）塞索伊奇准备的熊的诱饵是什么？（　　）

（信息提取能力）

 A. 活蹦乱跳的小牛犊

 B. 熊爱吃的蜂蜜

 C. 小牛犊的尸体

 D. 各种各样的水果

40.（多选）阅读完本节内容后，请你来回答农庄庄员的问题。

（评价鉴赏能力）

从猎人捕熊的故事中你懂得了什么道理？（　　）

 A. 遇事不要慌乱，要沉着冷静。

 B. 捕熊都要用牛犊做诱饵。

 C. 做事要有耐心，学会等待机会的到来。

 D. 忍无可忍的时候就会有人来帮忙。

> 勤学苦练，百步穿杨！

41.（排序）林中音乐会有好多动物来参加，请你把它们的表演顺序安排好。

（认读感知能力）

①啄木鸟　②柳雷鸟　③大麻鹀　④夜莺　⑤天牛

42.（选择填空）根据提示，猜鸟名。

（推理判断能力）

一身金黄色羽毛，黑色的翅膀	（　　）
一双大长腿，冬天会到非洲过冬	（　　）
喜欢问"见过特里什卡吗？"	（　　）
羽毛蓝中带绿，还有棕色的"衬衣"	（　　）
空中舞会的表演者	（　　）

A. 朱雀　　　　B. 长脚秧鸡　　　　C. 鹰隼

D. 黄莺　　　　E. 翠鸟

阅读活动

1. 我是小记者

请你仔细观察身边的动植物，仿照本书的写作形式，记录身边动植物的变化吧！

示例：

路边的菜地里种着丝瓜和枣树。这个丝瓜很可恶，它缠到枣树上，让小枣树奄奄一息。种菜的人看到了，急急忙忙让枣树和丝瓜分家。终于分家了，今年的枣树和丝瓜都长得一天比一天好。不过丝瓜的生命力很不顽强。有一天，菜地主人嫌三棵丝瓜争营养，就把一棵移到了旁边的花坛里。结果一天下来，小丝瓜就耷拉了叶子，施再多肥也无济于事了。

2 我是小编辑

请你从春天的三个月中选出最喜欢的一个月，为它制作一份手抄报。（可以按照动植物来划分不同的版块，也可以按照故事发生的地点如森林、城市、农庄来划分。）

3 我是小作家

本书中一共有5个《狩猎故事》，请你选择其中的一个故事将它扩展开来，写一写猎人们捕到猎物后的故事吧！

示例：

续写《真正的胜利者》

猎人带着两只琴鸡回了家，他美滋滋地看着自己的收成，心想这会儿市场上正缺琴鸡呢，一定能卖个好价钱！于是他决定再去寻找机会偷猎琴鸡。

过了两周，还是熟悉的地点，猎人躲在粗壮的云杉树后，等待琴鸡搏斗结束后再捡几只回家。可是当他捡起琴鸡的时候，身后传来一个人的声音："别动，你被捕了！"原来，猎人卖出上次的琴鸡时就被警察叔叔盯上了，他们观察了好几天，终于等到猎人再次偷猎琴鸡，这次就可以名正言顺地惩罚偷猎者了！

这可真是"螳螂捕蝉，黄雀在后"啊！

4 我是小生物学家

书中讲了许许多多关于动植物的小故事，你有最喜欢的动物和植物吗？你喜欢它们的哪些特点？请你为它们制作一份专属名片，将它们推荐给你的朋友吧！

示例：

长脚秧鸡

它每年冬天都会飞去遥远的非洲过冬，春天的时候再飞回来。

和其他鸟儿不同，它飞行不敏捷，为了躲避天敌，它选择一路靠双脚走回来。

它最大的特点就是长着一双大长腿，躲避敌人的时候跑得可快了！

5 我是小演员

去远方过冬的鸟儿们都飞回来了，它们如果聚在一起聊天，会说些什么呢？请你展开想象，和父母或同学扮演不同的鸟儿进行对话吧！

示例：
我扮演的是　翠鸟　，同学扮演的是　白嘴鸦　。

　　翠鸟：我刚刚从埃及飞回来，那边一年四季都很暖和。不过我还是更喜欢这里，所以树木刚刚发芽，花儿长了花苞，我就赶紧飞回来了。

　　白嘴鸦：我也是呢！冬天快过完的时候我就赶忙往回飞了。路上遇上了暴风雪，我的好多伙伴都遭遇了不幸，没能回到家乡。

　　……

6 我是小摄影家

　　读完了整本书，相信你一定迫不及待地想出去感受大自然了吧！那就拿起摄像机把大自然的美妙景象记录下来吧！

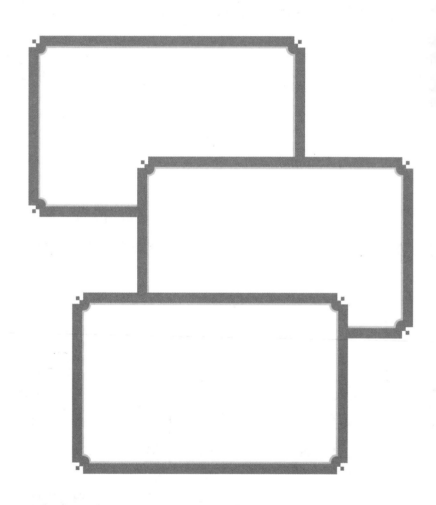

好词描红

枯燥　扑腾　娇嫩　洋溢　慌张　盘算　流淌

蕴藏　凋谢　孤单　缝隙　嘈杂　警觉　甘甜

倾听　迷惑　烟囱　伎俩　融化　惊讶　笼罩

提心吊胆
一干二净
眼花缭乱
手忙脚乱
阳光明媚
贼眉鼠眼
欢欣鼓舞

形形色色
无拘无束
恍然大悟
迫不及待
按捺不住
养精蓄锐

好句描红

　　在阳光明媚、气候适宜的日子，小小舞蹈家们开始跳舞了，它们的舞台就在你头顶的上方。它们一会儿飞到东，一会儿飞到西，一会儿停在空中摆出一个奇妙的造型。

　　昆虫们成群结队地飞过来，争着抢着来展示优美的舞姿。它们尽情唱啊跳啊，直到黄昏才停下来，依依不舍地回家了。

　　番茄已经长出了花骨朵，过不了多久就要开花了。黄瓜长成了绿色的胖娃娃，躺在特制的白色封套里，再也不用担心害虫来捣乱了。

参考答案

阅读测评

1.（1）√ （2）× （3）√

2.③①②④

3.C

4. ①③④⑥

 ②

⑤

5.鸽子, 麻雀, 寒鸦（涂色略）

6.B → C → A

7.不会游泳：田鼠, 屎壳郎;

会游泳：青蛙, 水黾

8.ABCE

9.B

10.

| 饲养员 | 搬到温暖的屋子 | 喜笑颜开 |
| 土豆 | 为猪妈妈接生 | 心满意足 |

11.B

12.AC

13.B D E K F I G

14.（1）√ （2）√ （3）×

15.

蝰蛇	紧紧抱成一团晒太阳
蚂蚁	给大家表演变戏法
叩头虫	爬到枯树墩上晒太阳

16.B

17.BA

18.AB

19.AB

20.C

21.A

22.B

23.ABD

24.

家燕	穿着灰大衣, 腆着白胸脯
毛脚燕	镰刀状的翅膀, 歌声刺耳
灰沙燕	短尾巴, 白脖子
雨燕	脖子有棕红斑点, 尾巴似剪刀

25.BDC

26.A

27.飞去的方向：东西南北（涂色略）

35

28. (1) B　(2) D　(3) C
　　(4) A

29. D

30. B

31. AC

32. ②③④

33. B

34. 苹果、梨子、樱桃、草莓

35. B C A

36. BFDGH

37. ACD

38. D

39. C

40. AC

41. ④ ① ② ⑤ ③

42. DBAEC

阅读活动

1. 略

2. 略

3. 略

4. 略

5. 略

6. 略